U0876074

内蒙古自治区高等级公路建设施工标准化指南系列

内蒙古自治区高等级公路建设施工标准化指南

第一分册　工地建设

内蒙古自治区交通运输厅
交通运输部公路科学研究所　组织编写

人民交通出版社股份有限公司
China Communications Press Co.,Ltd.

内容提要

本书为“内蒙古自治区高等级公路建设施工标准化指南系列”第一分册工地建设，编制目的是规范内蒙古自治区高等级公路工地建设，充分发挥工厂化、集约化的施工优势，提高行业工作效率，提高项目质量、安全、环保等管理水平，提升行业文明施工形象。本书汲取了内蒙古自治区高等级公路工地建设中的成功管理经验，同时借鉴了其他省区工地建设中的科学管理方法，系统地从项目驻地建设、场站建设、其他临时工程建设、现场文明施工等方面介绍了工地建设中的规范措施和管理方法。

本书适用于内蒙古自治区新建、改(扩)建高等级公路项目的工地建设管理，也可供内蒙古自治区公路工程各参建单位、参建人员使用。

图书在版编目(CIP)数据

内蒙古自治区高等级公路建设施工标准化指南. 第一分册，工地建设 / 内蒙古自治区交通运输厅，交通运输部公路科学研究所组织编写. — 北京：人民交通出版社股份有限公司，2016.1

(内蒙古自治区高等级公路建设施工标准化指南系列)

ISBN 978-7-114-12935-3

Ⅰ. ①内… Ⅱ. ①内… ②交… Ⅲ. ①等级公路—道路施工—标准化管理—内蒙古—指南②等级公路—道路施工—施工现场—标准化管理—内蒙古—指南 Ⅳ. ①U415.1-65

中国版本图书馆 CIP 数据核字(2016)第 075935 号

内蒙古自治区高等级公路建设施工标准化指南系列

Neimenggu Zizhiqu Gaodengji Gonglu Jianshe Shigong Biaozhunhua Zhinan Di-Yi Fence Gongdi Jianshe

书　　名：内蒙古自治区高等级公路建设施工标准化指南　第一分册　工地建设

著 作 者：内蒙古自治区交通运输厅　交通运输部公路科学研究所

责任编辑：司昌静　闫吉维

出版发行：人民交通出版社股份有限公司

地　　址：(100011)北京市朝阳区安定门外外馆斜街 3 号

网　　址：http://www.ccpress.com.cn

销售电话：(010)59757973

总 经 销：人民交通出版社股份有限公司发行部

经　　销：各地新华书店

印　　刷：北京市密东印刷有限公司

开　　本：880×1230　1/16

印　　张：4.5

字　　数：96 千

版　　次：2016 年 1 月　第 1 版

印　　次：2016 年 1 月　第 1 次印刷

书　　号：ISBN 978-7-114-12935-3

定　　价：22.00 元

(有印刷、装订质量问题的图书由本公司负责调换)

本册编写人员

主　　编： 王　骁

副 主 编： 李　江　李星亮

参编人员： 余胜军　韩　磊　康爱国　周震宇

陈德智　安春英　姜云花　王　杰

傅燕峰　康新胜　苏成林

前　　言

“十二五”期间，内蒙古自治区高等级公路建设事业取得了长足发展，“十三五”期间高等级公路建设任务依然十分繁重。为进一步规范公路建设项目施工管理，提高工程管理和技术水平，确保工程质量和施工安全，提升行业文明形象，同时响应交通运输部《关于开展高速公路施工标准化活动的通知》（交公路发〔2011〕70号）要求，并结合2011年推行的《内蒙古自治区高速和一级公路施工标准化管理指南（试行）》及内蒙古自治区高等级公路施工的实际情况，内蒙古自治区交通运输厅组织编写了《内蒙古自治区高等级公路建设施工标准化指南》（以下简称《指南》）。《指南》共十一分册，分别为：工地建设、工地试验室、路基工程、路面工程、桥梁工程、隧道工程、交通安全设施、房建工程、安全生产、环保、管理。

本《指南》主要依据国家、工程建设标准化协会、交通运输部及内蒙古自治区交通运输厅等工程建设主管部门发布的与公路工程建设相关的文件、标准、规范、规程、指南和行业内采取的成熟、先进的施工工艺及管理办法，以及内蒙古自治区高等级公路施工管理中的特点和先进经验编写而成。

本《指南》未提及的，请参照现行相关的标准、规范、规程、规定执行。

本分册为《指南》第一分册工地建设，汲取了内蒙古自治区高等级公路施工管理中的成功经验，同时借鉴了其他省区高等级公路工程管理的科学方法。本分册共有五章内容，包括：总则、项目驻地建设、场站建设、其他临时工程建设、现场文明施工。本分册由内蒙古自治区交通运输厅、交通运输部公路科学研究所主编。由于编制时间和编制水平所限，书中如有不妥甚至错误之处，请广大读者不吝指正。

本《指南》可供内蒙古自治区公路工程各参建单位、参建人员使用。各盟市对其中有关的具体指标可根据实际情况进一步细化和强化要求，对未尽事宜应予以补充完善。各有关单位和从业人员在使用本分册时，如发现问题或提出改进意见，请函告内蒙古自治区交通运输厅（地址：呼和浩特市地质南街68号，邮编：010010，联系电话：0471-6968635，电子邮箱：bgs@nmjt.gov.cn）或交通运输部公路科学研究所（地址：北京市海淀区西土城路8号，邮编：100088，联系电话：010-62079067，电子邮箱：jiang.li@rioh.cn）。

内蒙古自治区交通运输厅

2015年11月

目　　录

1 总则

1.1 目的及意义

为规范内蒙古自治区高等级公路工地建设,充分发挥工厂化、集约化的施工优势,提高行业工作效率,提高项目安全、质量、环保等管理水平,提升行业文明施工形象,并结合内蒙古自治区高等级公路工地建设的实际情况,特制定本指南。

1.2 编制依据

(1)国家、工程建设标准化协会及交通运输部等工程建设主管部门发布的与工地建设相关的文件、标准、规范、规程和指南。

(2)内蒙古自治区交通运输厅发布的与工地建设相关的文件、指导意见。

(3)全国高等级公路成熟的建设经验和行业内经实践证明的先进的新材料、新技术、新工艺及管理办法。

1.3 适用范围

(1)本指南适用于新建、改(扩)建高等级公路(本指南“高等级公路”是指高速、一级公路)项目的工地建设,其他等级公路(本指南“其他等级公路”是指二级及二级以下公路)可参照执行。

(2)本指南也适用于独立特大桥、特长隧道项目的工地建设。

1.4 基本要求

(1)工地建设必须满足安全、实用、环保的要求,体现以人为本的理念,因地制宜、统筹规划、合理布局、节约资源。

(2)临时设施(项目部、拌和站、预制场、工地材料存放地及库房、便道便桥、临时用地等)与永久设施综合利用,尽量减少临建工程,尽可能减少土地特别是良田的临时占用。

施工便道、便桥设计宜结合地方路网进行规划,尽量结合地方道路进行专项、永久化设计,完工后尽量留地方使用。合理安排施工组织设计,运营管理中心、服务区、管理与养护区等房建宜提前建设作为项目驻地、库房等临时用房,相应场地可作为筑路材料等的储存或周转用地。

临时设施布置应远近结合、短期与长期结合,尽可能租用沿线房屋作为办公室、试验室、库房等用房,努力避免和减少大量临时建筑和场地拆迁。施工过程临时水电考虑部分按永久用水用电接入。

(3)工地建设必须按照选址、规划、制订方案、审批及核备、建设等程序组织实施。建设完成后报主管单位验收。

(4)工地建设临时用地必须按照国家及地方有关规定办理审批手续。工程建设期间应加强对硬件设施的维护和管理,确保工地建设始终保持良好的状态;工程交工后各参建单位必须按照有关规定及时恢复临时用地(除另有协议),清除废弃污染物,并报相关单位进行验收,合格后方准退场。

(5)项目建设单位应根据项目工程内容、工程大小以及施工条件等情况开展规划,做到"合理划分标段、合理制定标价、合理确定工期",确保项目建设严格按照标准化要求实施。

(6)高等级公路施工过程中的环境保护工作应与整个项目施工组织管理相结合,强化环保意识,完善环保措施,加强环境监测,严格落实到位,使环保工作合理化、制度化、规范化。

(7)工地各项建设的具体技术和工艺要求应符合现行相关规范、标准规定;设计中有明确说明或特殊要求的,按设计文件执行。

(8)本指南附录所有列图均为示意图。

(9)本指南未提及的,请参照现行相关的标准、规范、规程、规定执行。在使用和执行本指南过程中,应严格执行现行的相关技术标准、规范、规程、规定;在应用过程中如有更新,应以最新发布的内容为准。

1.5　合格达标验收制

工地建设应按本指南执行合格达标验收管理,对于验收没通过的驻地、场站、试验室、施工工点等,必须限期整改,直至通过达标验收。建设单位应不定期组织检查,日常检查可结合综合检查一并开展,检查结果应纳入综合考评当中。

2　项目驻地建设

2.1　一般规定

(1)驻地建设应包括建设单位驻地、监理单位驻地、施工单位驻地以及工地试验室(详见《工地试验室》分册)的建设。

(2)驻地建设应体现以人为本的理念,以“节能、环保、资源节约和保障安全”为基本原则,着力改善项目各参建单位的办公、生产及生活环境,为项目创“优质、高效、精品”工程提供强有力的人文保障。

(3)驻地建设应因地制宜,尽量减少对环境的影响;办公、生产、生活污水及垃圾应集中收集、无害处理,具备条件时应采取有效措施进行废弃物循环再生利用,践行“低碳、绿色、环保”的生产、生活方式。

(4)每个建设项目只能设置一个建设管理办公室(简称“建管办”),大型建设项目根据需要,可下设执行管理办公室(简称“执行办”)。

(5)每个施工合同段只能设置一个项目经理部,大型综合项目根据工程需要可下设项目施工工区。

(6)根据建设项目的具体情况,每条高等级公路可设一个或多个(针对特大型工程)总监理工程师办公室(简称“总监办”);根据具体情况设置驻地监理工程师办公室(简称“驻地办”)。

(7)驻地建设应满足有关规定、合同文件要求,规范用房及场地建设;驻地应完善安全消防措施,配备必要的消防器材。

(8)驻地宜为独立式庭院,可自建,也可租用当地沿线合适的单位或民用房屋,但驻地用房应坚固、安全、实用、美观、隔热通风,符合相关文件规定及满足生产、办公、生活的管理需求。

(9)对于自建房应选用阻燃、防水材料且安装、拆卸方便,室内适当装修,地面硬化处理,满足环保要求。活动板房搭建不应超过两层,办公用房和食堂用房净高不宜低于2.8m,其余房间净高不低于2.6m,组与组之间距离不小于8m,栋与栋之间距离不小于4m,以满足安全及消防要求。

(10)驻地宜采用封闭式管理,有固定的安全出入口,并设置专职保卫人员,制订相关的管理制度。办公区、生活区面积和配套设施应满足办公规范化及生活要求,且宿舍应采用集中供暖设施和防煤气中毒措施,严禁电力取暖。

(11)为节约资源,建设单位宜尽早规划、建设后期营运管理中心,并尽可能利用营运管理中心作为建设单位的驻地。

(12)驻地布局应科学合理,尽量减少不同区域之间的相互干扰。区内场地与主要道路应硬化处理,排水设施应完善,庭院应适当绿化,环境须优美整洁。

(13)驻地大门门牌、告示牌、工程简介牌、组织机构牌、安全管理制度牌、施工标牌和相关的防火、交通警示等文明施工标志,应齐全规范。

(14)工程竣工后驻地设施应按有关规定及时拆迁和处理,清除废弃污染物。

(15)驻地办和总监办应相对独立设置,严禁合并办公;驻地办和总监办人员不得在施工单位项目部常(长)住、办公。

(16)在各参建单位驻地附近主干道上必须设置指路导向牌,指路牌应格式统一且符合国家标准。

(17)相关工地建设应尊重当地风俗习惯。

(18)本着庄重、朴素、经济、适用和资源节约的原则进行驻地建设,办公用房应满足中央关于"党政机关办公用房标准"的要求。

(19)本章未提及的,请参照本指南系列其他分册有关要求执行。

2.2　建设单位

2.2.1　建管办驻地选址

(1)选址位置应靠近建设项目的中部且不受施工干扰的地区,以满足"安全、实用、环保"为原则,以方便工作管理为目的;驻地除具备便利的交通、通电、通水、通信条件外,还应积极创造信息化办公管理条件。

(2)禁止选择在矿山采空区、顺层滑坡体以及堆积层、坡积层及坡度在45°(一般宜30°)以上的山区、泥石流、河道、水库下游等地形、地质、水文不良地带,避开塌方、落石、滑坡、危岩、雷区、积沙、积雪等地段。

(3)避开高频、高压线路及高大树木,与通信线路保持一定距离;远离油、气、化工等其他污染源。

(4)驻地必须用地合法,禁止占用运输通道(道路、桥梁及河道)区域与规划的取、弃土场。

(5)必须远离集中爆破区500m以外。

2.2.2　硬件设施

1)总体要求

(1)驻地建设场地总面积,应不小于2 500m^2。办公区与生活区应相对独立。

(2)驻地办公区、生活区及车辆停放区等应科学合理布局,符合"消防、安全、卫生、环保"的要求。办公区应满足安全、整洁的要求,配备必要的消防器材及安全设施,并由专人负责卫生工作。

(3)驻地房屋。必须门窗齐全,窗户必须为可开启式,保证通风顺畅;房顶应阻燃、防水;内墙须抹灰,适当装修;地面应硬化处理,办公区宜铺设地砖;室内布设应统一格调(吊顶、敷线、设施安装、办公桌椅)。禁止多层板房用于办公、生活。

(4)驻地标志性建筑设置。应在驻地大门或庭院内醒目位置设置建设单位标志、升旗台等标志性建筑。升旗台旗杆,应采用3根高度为7~9m的不锈钢材质制作,分别是中间红旗、两侧建设单位彩旗。

(5)办公区应设置项目办主任室、副主任室、各部门办公室、档案资料室、会议室等,其他部门可根据各项目具体情况自行设定。各室标牌应美观一致,室内墙上必须张贴或悬挂相应管理图表及规章制度。

(6)生活区必须设置宿舍、食堂、浴室、厕所等。宿舍、食堂墙上应张贴或悬挂相应的管理办法和图表。

(7)驻地还应设置党员活动中心、文体活动室、医疗室、职工活动场地(如篮球场、羽毛球场)等。

(8)车辆停放区应满足不小于15辆的停放车辆要求,分格设置,并标上停车线。

(9)公共场所应设置功能分区平面示意图及指路导向牌。

2)信息化建设

为推行高等级公路建设信息化管理、建设单位应建立并应用覆盖公路项目建设管理全过程的信息系统,将工程质量、安全、进度、投资以及设计变更和试验检测等管理内容纳入系统;具备条件的项目应对特大桥、特长隧道、高边坡等重点工程建立远程监控系统,实行动态管理。

3)驻地办公用房建设

驻地办公用房应坚固、实用、隔热、通风、防潮、美观;办公房间净空高度宜控制在2.8m以上;办公用房室内应适当装修,地面硬化,镶贴地砖。各室功能应满足以下要求。

(1)办公室。

①各部室应相对独立,各部室办公面积不宜少于20m^2,人均面积不宜少于6m^2,以满足办公需求为宜。各室应照明、通风良好,且设有防暑、降温、取暖等设备。

②必须配备充足的办公设备,布局合理,排列整齐;室内有关各项规章制度、各部门岗位职责、安全职责、工作计划、晴雨表等图表必须上墙,文件资料归档整齐。

③应配备充足的信息化硬件设施,满足工程施工信息收集、整理和传送等处理;同时还应满足工程进度、质量、安全、计量、变更等信息化管理的要求。

(2)会议室。

①通风、照明良好,并设有防暑、降温、取暖设备。

②配备必要的会议桌椅、2m^{2}写字板、多媒体等常用会议设施。

③会议室面积应满足工程实际需要,一般不宜小于100m^2,应可容纳不少于60人同时开会,有关图表及规章制度上墙。

④宜设置两个向外开启的门,发生紧急情况能及时疏散人员,保证人身安全。

⑤管理图表均应装裱上墙。会议室内的管理图表应包括工程平面图、工程总体目标、建管办组织机构框图、质量保障体系框图、安全管理体系框图、工程进度柱状图、工程管理曲线图等图表。

(3)档案室。

①档案资料室面积应不宜小于 $60m^2$;防漏、防潮、防火,照明、通风良好,并配备消防设备。

②所有档案资料由专人负责管理,应保存在专用金属档案柜内或档案架上,应分门别类,做好标识,归档的档案盒样式统一。

4)驻地生活用房建设

驻地生活用房建设应体现以人为本的理念,生活用房应实用、隔热、通风、防潮、美观,建立安全、卫生管理制度,具体要求如下。

(1)宿舍。

①每间宿舍面积不宜超过 $30m^2$,居住人员不宜超过 8 人,人均使用面积不小于 $3.5m^2$。

②宿舍内门窗(可开启式)设置齐全,门净宽不小于 0.8m,室内通风、照明良好,地面应硬化、防潮,有条件的可铺砌瓷砖,室外应设专门的晾衣处。

③宿舍内严禁使用通铺或采用钢管搭设上下铺,应采用单人单铺,不宜采用上下铺,床铺应高于地面 0.3m,人均床铺面积不小于 $2m^2$,床铺间距不小于 0.5m。

④宿舍内应设置生活用品专柜,个人物品摆放整齐,宜统一床单被罩。室内严禁存放易燃、易爆物品,严禁乱拉电线、明火做饭和使用大功率电器设备。

⑤宿舍内挂设治安、卫生、防火管理制度。设有专人保洁,夏季有消暑、防蚊虫叮咬措施,冬季有集中供暖措施,严禁电力取暖。

⑥宿舍是消防保护对象,灭火器配备必须满足消防规定且宿舍区每排房屋不少于 4 个。

(2)食堂。

①食堂应设置在离厕所、垃圾站及有害物质场所不小于 30m 以外的位置,与办公、生活用房距离不小于 10m,地面水泥硬化或镶贴地砖,保证不积水。

②食堂净空不宜小于 2.8m,门净宽不小于 1.2m,人均使用面积不宜小于 $0.8m^2$。

③食堂内设置独立的制作间、储藏间,并配有消毒设备,燃气罐应单独设置存放间(通风良好),地面应水泥硬化和防滑处理,配备防尘、蚊蝇、鼠害的纱门、纱窗、纱罩等设施或工具。

④制订食堂安全卫生管理责任制度,具备卫生许可证。食堂人员必须有健康证,工作时必须佩戴工作证,穿工作服。

⑤食堂应配置必要的排风设施和冷藏设施。应配备 1~2 台冰箱或冰柜,锅台上方应装 1~2 台排气扇。

⑥食堂必须配置不少于 2 台灭火器;应设置隔离油池并及时清理;排水系统良好,避免污水淤积。

⑦生活垃圾应集中收集、处理,有专人管理,及时清运。厨房必须有防火、消防设施。厨房使用的可燃气体、液体的储存及管路铺设应符合现行《建筑设计防火规范》(GB 50016—2014)、《城镇燃气设计规范》(GB 50028—2006)等标准规范。厨房的灶具必

须安放在不可燃材料上。

(3)浴室。

①必须设置男、女浴室;地面应作防滑处理,使用防水灯具和开关,并定时保证充足的冷、热水供给,排水、通风良好。

②浴室人均使用面积不宜小于 $0.3m^2$,男、女浴室均不宜小于 $20m^2$,淋浴喷头数量与人员比例不小于 1∶10 且应采用节水龙头。淋浴间与更衣间分离设置,更衣间内应设置长凳、储衣柜或挂衣架。

(4)厕所。

①厕所必须男、女分设,且应为通风、采光良好的可冲洗式或移动式厕所,地面应作防滑处理,并配备纱门、纱窗。

②厕所人均使用面积不小于 $0.2m^2$,总面积不小于 $20m^2$,蹲位数量与人员比例不小于 1∶10,大小便池内镶贴瓷砖。

③厕所应指定专人负责卫生工作,应定时进行清扫、冲刷、消毒,防止蚊蝇滋生,化粪池应及时清掏,应符合卫生要求。

(5)党员活动中心、活动场地、医疗室。

①活动中心室面积一般不宜小于 $20m^2$,具备活动、学习条件,通风、照明等设施良好,书籍、报纸、杂志等配备齐全。

②活动场地包括乒乓球场、篮球场、羽毛球场以及其他相关的健身、娱乐等活动场所。

③医疗室可根据现场人员数量和驻地距离医疗机构的方便程度设置,并配备必要的医疗设备、药物等。具备条件的可配备相应的医务人员。

2.3 监理单位

2.3.1 监理驻地选址

(1)监理驻地的选址应以方便开展工作、利于强化程序和过程监理为基本原则,一般应靠近所监项目工程的中部位置。

(2)其他驻地选址相关要求同建设单位。

2.3.2 硬件设施

1)总体要求

(1)应按合同文件相关要求,规范用房和场地建设,驻地面积应不小于 $2\,500m^2$。配备必要的办公设施和必需的硬件设施。

(2)场地布局应满足“消防、安全、卫生、环保”的要求。驻地宜采用封闭式管理,四周必须设置围墙,砖围墙采用统一基调的砂浆抹面,内外墙彩绘宣传图片或监理标语等内容;透视围墙采用栏杆形式,总体高度不低于 2m,喷涂颜色应统一。

(3)驻地房屋。门窗必须齐全,窗户必须为可开启式,保证通风顺畅;房顶应阻燃、防水;内墙需抹灰;地面应硬化处理,办公区宜铺设地砖;室内布设应统一格调(吊顶、敷线、设施安装、办公桌椅)。禁止多层板房用于办公、生活。

(4)驻地标志性建筑设置。应在驻地大门或庭院内醒目位置设置标志性建筑。升旗台应分别是中间红旗、左侧监理单位彩旗、右侧建设单位彩旗。

(5)办公区应设置总监理(驻地)办公室、副总监(副驻地)办公室、各部门办公室、档案资料室、会议室等,各室标牌应美观一致,室内墙上必须张贴或悬挂相应管理图表及规章制度;办公区应满足安全、整洁的要求,配备必要的消防器材及安全措施,并由专人负责卫生工作。

(6)生活区必须设置宿舍、食堂、浴室、厕所等。食堂墙上应张贴相应的管理办法和图表。

(7)生活区宜设文体活动室、医疗室及职工活动场地,如篮球场、羽毛球场等。

(8)车辆停放区应分格设置并标上停车线,驻地监理工程师驻地应满足停放不少于4辆车要求,总监理工程师驻地应满足停放不少于10辆车要求。

(9)公共场所应设置功能分区平面示意图及指路导向牌。

2)信息化建设

为推行高等级公路建设信息化管理,监理单位应积极配合建设单位信息化管理要求,配备相应的信息化办公系统和具备施工信息采集、整理、传送的基本硬件设施。

3)驻地办公用房建设

驻地办公用房应坚固、实用、隔热、通风、防潮、美观,各室功能应满足以下要求。

(1)办公室。

①各部室应不宜小于20m^2,人均不宜小于6m^2,以满足办公需求为宜;通风、照明良好,并设有防暑、降温、取暖设备。

②满足项目信息化管理要求,配备充足的信息化硬件设施,满足施工信息收集、整理、传送以及工程进度、质量、安全、计量、变更等信息化管理的要求。

③必须配备充足的办公设备,布局合理,排列整齐;室内各项规章制度、各部门岗位职责、安全职责、工作计划、晴雨表及管理人员考勤表等图表必须上墙,文件资料归档整齐。

(2)会议室。

①通风、照明良好,设有防暑、降温、取暖设备。

②配备必要的会议桌椅、2m^2写字板、多媒体等常用会议设施。

③监理单位会议室面积应满足工程实际需要,驻地监理工程师会议室一般不宜小于60m^2,应可容纳不少于30人同时开会;总监理工程师会议室一般不宜小于100m^2,应可容纳不少于60人同时开会。有关图表及规章制度上墙。

④宜设置两个外向开启的门,能保证在遇到紧急情况时及时疏散人员,保证人身安全。

⑤管理图表均应装裱上墙。会议室内的管理图表应包括工程平面图、工程总体目标、监理驻地组织机构框图、安全管理体系框图、工程管理曲线图等图表。

(3)档案资料室。

①档案资料室面积应不宜小于40m^2。

②防漏、防潮、防火，照明、通风良好，并配备消防设备。

③所有档案资料由专人负责管理，应保存在专用档案柜或档案架，应分门别类，做好标识，归档的档案盒样式统一。

4）驻地生活用房建设

驻地生活用房建设应体现以人为本的理念，生活用房应实用、隔热、通风、防潮、美观，具体要求如下。

（1）宿舍。

①每间宿舍面积不宜超过30m^2，居住人员不宜超过8人，人均使用面积不小于3.5m^2。

②宿舍内门窗（可开启式）设置齐全，门净宽不小于0.8m，室内通风、照明良好，地面应硬化、防潮，有条件的可铺砌瓷砖，室外应设专门的晾衣处。

③宿舍内严禁使用通铺或采用钢管搭设上下铺，应采用单人单铺，单铺不得超过2层，床铺应高于地面0.3m，人均床铺面积不小于2m^2，床铺间距不小于0.5m。

④宿舍内应设置生活用品专柜，个人物品摆放整齐，宜统一床单被罩。室内严禁存放易燃、易爆物品，严禁乱拉电线、明火做饭和使用大功率电器设备。

⑤宿舍内挂设治安、卫生、防火管理制度。设有专人保洁、夏季有消暑、防蚊虫叮咬措施，冬季有集中供暖措施，严禁电力取暖。

⑥宿舍是消防保护对象，灭火器的配备必须满足消防规定，且宿舍区每排房屋不少于4个。

（2）食堂。

①食堂应设置在离厕所、垃圾站及有害物质场所不小于30m以外的位置，与办公、生活用房距离不小于10m，地面水泥硬化，保证不积水。

②食堂净空不宜小于2.8m，门净宽不小于1.2m，人均使用面积不宜小于0.8m^2。

③食堂内设置独立的制作间、储藏间，并配有消毒设备，燃气罐应单独设置存放间（通风良好），地面应做硬化和防滑处理，配备纱门、纱窗、纱罩等。

④制订食堂卫生管理责任制度，具备卫生许可证。食堂人员必须有健康证，工作时必须佩戴工作证，穿工作服。

⑤必须配备至少2台灭火器在醒目位置。食堂内应设有防尘、蚊、蝇、鼠害设施，应设置隔离油池并及时清理。

⑥生活垃圾应装容器，有专人管理，及时清运。厨房应有防火设施。厨房使用的可燃气体、液体的储存及管路铺设应符合现行《建筑设计防火规范》（GB 50016—2014）、《城镇燃气设计规范》（GB 50028—2006）等标准规范。厨房的灶具安放在不可燃材料上。

（3）浴室。

①男、女浴室必须分设，地面应作防滑处理，使用防水灯具和开关，并定时保证充足的冷、热水供给，排水、通风良好。

②浴室人均使用面积不宜小于0.3m^2，男浴室不宜少于20m^2，女浴室不少于10m^2，淋浴喷头数量与人员比例不小于1∶10，且应采用节水龙头；淋浴间与更衣间分离设置，更衣间内应设置长凳、储衣柜或挂衣架。

(4)厕所。

①厕所应男、女分设,且应为通风、采光良好,地面应硬化,并配备纱门、纱窗。

②厕所人均使用面积不小于 $0.2m^2$,总面积不小于 $20m^2$,蹲位数量与人员比例不小于 1∶10。

③厕所应指定专人负责卫生工作,应定时进行清扫、冲刷、消毒,防止蚊蝇滋生,化粪池应及时清掏,应符合卫生要求。

(5)党员活动中心(文体活动室)、活动场地、医疗室。

①党员活动中心一般不宜小于 $20m^2$,具备活动、学习条件,通风、照明等设施良好,书籍、报纸、杂志等配备齐全。

②活动场地包括乒乓球场、篮球场、羽毛球场以及相关的健身、娱乐等活动场所。

③医疗室可根据现场人员数量和驻地距离医疗机构的方便程度设置,并配备必要的医疗设备、药物等。具备条件的可配备相应的医务人员。

2.4 施工单位

2.4.1 项目部驻地选址

(1)应靠近合同标段现场的中部或关键工点,且宜在本标段主线两侧垂直距离 2km 以内,以利于项目经理部对本标段工程的整体管理。

(2)其他驻地选址相关要求同建设单位。

2.4.2 硬件设施

1)总体要求

(1)驻地建设场地总面积,应不小于 $4\,000m^2$ 并满足工程实际需要;办公、生产、生活区应相对独立。

(2)驻地办公区、生活区及车辆、设备停放区等应科学合理布局,符合"消防、安全、卫生、环保"的要求;办公区应满足安全、整洁的要求,配备必要的消防器材及安全设施,并由专人负责卫生工作。

(3)项目部驻地宜采用封闭式管理,四周必须设置围墙,砖围墙采用统一基调的砂浆抹面,内外墙彩绘宣传图片或安全质量标语等内容;透视围墙采用栏杆形式,总体高度不低于 2m,喷涂颜色应统一。

(4)驻地房屋。门窗必须齐全,窗户必须为可开启式,保证通风顺畅;房顶应阻燃、防水;内墙需抹灰;地面应做硬化处理,办公区宜铺设地砖;室内布设应统一格调(吊顶、敷线、设施安装、办公桌椅)。禁止多层板房用于办公、生活。

(5)驻地标志性建筑设置。应在驻地大门或庭院内醒目位置设置企业标志、升旗台等标志性建筑。升旗台设置旗杆时,应采用 3 根高度为 7~9m 的不锈钢材质制作,分别是中间红旗、左侧施工单位彩旗、右侧建设单位彩旗。

(6)办公区应设置项目经理室、副经理室、总工室、各部门办公室、档案资料室、会议室等,其他部门根据各项目具体情况自行设定。各室标牌应美观一致,室内墙上必须张贴相应管理图表及规章制度。

(7)生活区必须设置宿舍、食堂、浴室、厕所等。同时宜设党员活动中心、文体活动室、医疗室等。食堂墙上应张贴相应的管理办法和图表。

(8)办公区应设职工培训中心;生活区应设置职工活动场地,如篮球场、羽毛球场等。

(9)车辆停放区应满足不小于10辆的停放车辆要求,分格设置,并标上停车线。

(10)公共场所应设置功能分区平面示意图及指路导向牌。

2)信息化建设

为推行高等级公路建设信息化管理,施工单位应积极配合建设单位信息化管理要求,配备相应的信息化办公系统和具备施工信息采集、整理、传送的基本硬件设施。

3)驻地办公用房建设

驻地办公用房应满足坚固、实用、隔热、通风、防潮、美观的要求,有必要的安全措施及消防器材。办公用房要满足整洁的要求,应配备专人负责办公区卫生。办公用房应配备必要的信息化硬件,以满足施工信息收集、整理、传送等办公自动化的要求。各室功能应满足以下要求。

(1)办公室。

①各部室应相对独立,各部门办公室面积不宜小于$20m^2$,人均不宜小于$6m^2$,以满足办公需求为宜。各室照明、通风应良好,且设有防暑、降温、取暖等设备。

②必须配备充足的办公设备,并布局合理,排列整齐;室内各项规章制度、各部位岗位职责、安全职责、工作计划、晴雨表及管理人员考勤表等图表必须上墙,文件资料归档整齐。

③满足项目信息化管理要求,配备充足的信息化硬件设施,满足施工信息收集、整理、传送以及工程进度、质量、安全、计量、变更等信息化管理的要求。

(2)会议室(兼职工业余学校)。

①通风、照明良好,并设有防暑、降温、取暖设备。

②配备必要的会议桌椅、写字板、多媒体等常用会议设施。

③应配备黑板、视频设备等必需的教学设施。

④会议室面积应满足工程实际需要,一般不宜小于$60m^2$,应可容纳不少于30人同时开会,有关图表及规章制度上墙。

⑤管理图表均应装裱上墙。会议室内的管理图表应包括工程平面图、工程总体目标、项目经理部组织机构框图、质量自检体系框图、安全管理体系框图、工程进度柱状图、工程管理曲线图、开展劳动竞赛活动等有关图表。

(3)档案室。

①档案资料室面积不宜小于$20m^2$;应防漏、防潮、防火,照明、通风良好,并配备消防设备。

②所有档案资料由专人负责管理,应保存在专用档案柜或档案架,分类明确,标识清晰,格式统一。

③根据已批复的工程划分,编制档案卷内目录,设置相应档案盒及编号标签,达到分类

正确、归档有序的要求。

4）驻地生活用房建设

驻地生活用房建设应体现以人为本的理念，生活用房应实用、隔热、通风、防潮、美观，应配置必要的消防安全器具，建立安全、卫生管理制度，具体要求如下。

（1）宿舍。

①每间宿舍面积不宜超过 $30m^2$，居住人员不宜超过 8 人，人均使用面积不小于 $3.5m^2$。

②宿舍内门窗（可开启式）设置齐全，门净宽不小于 0.8m，室内通风、照明良好，地面应硬化、防潮，有条件的可铺砌瓷砖，室外应设专门的晾衣处。

③宿舍内严禁使用通铺或采用钢管搭设上下铺，应采用单人单铺，单铺不得超过 2 层，床铺应高于地面 0.3m，人均床铺面积不小于 $2m^2$，床铺间距不小于 0.5m。

④宿舍内应设置生活用品专柜，生活用品应放置整齐，宜统一床单被罩。室内严禁存放易燃、易爆物品，严禁乱拉电线、明火做饭和使用大功率电器设备。

⑤施工人员住宿场所严禁设置在尚未竣工的建筑物内。住宿场所的墙、柱、梁、楼板建筑构件均应采用阻燃体。住宿场所应当符合现行《建筑设计防火规范》（GB 50016—2014）中居住建筑的有关规定。

⑥宿舍内外环境应安全、卫生、清洁，室外设有标识的垃圾箱，由专人清扫。宿舍内挂设治安、卫生、防火管理制度图表，夏季有消暑、防蚊虫叮咬措施，冬季有保暖和防煤气中毒措施。

⑦宿舍是消防保护对象，灭火器的配备必须满足消防规定且宿舍区每排房屋不少于 4 个。

（2）食堂。

①食堂应设置在离厕所、垃圾站及有害物质场所不小于 30m 以外的位置，与办公、生活用房距离不小于 10m，地面水泥硬化，保证不积水。

②食堂净空不宜小于 2.8m，门净宽不小于 1.2m，人均使用面积不小于 $0.8m^2$。

③食堂内设置独立的制作间、储藏间，并配有消毒设备，燃气罐应单独设置存放间（通风良好），地面应做硬化和防滑处理，配备纱门、纱窗、纱罩等。

④制订食堂卫生管理责任制度，具备卫生许可证。炊事员（包括工作人员）必须有健康证，工作时必须佩戴工作证，穿工作服。

⑤食堂应配置不少于灭火器 2 个。食堂内应设有防尘、蚊、蝇、鼠害设施，应设置隔离油池并及时清理。

⑥生活垃圾应装容器，有专人管理，及时清运。厨房应有防火设施。厨房使用的可燃气体、液体的储存及管路铺设应符合现行《建筑设计防火规范》（GB 50016—2014）、《城镇燃气设计规范》（GB 50028—2006）等规定，厨房的灶具安放在阻燃材料上。

（3）浴室。

①应分设男、女浴室，地面应作防滑处理，使用防水灯具和开关，并定时保证充足的冷、热水供给，排水、通风良好。

②浴室人均使用面积不宜小于 $0.3m^2$，男、女浴室面积各不宜小于 $20m^2$，淋浴喷头数量

与人员比例不小于1：10且采用节水龙头；淋浴间与更衣间分离设置，更衣间内应设置长凳、储衣柜或挂衣架。

(4)厕所。

①厕所应男、女分设且保持清洁。地面应硬化，采光良好，并应指定专人负责卫生工作。

②厕所人均使用面积不小于$0.2m^2$，总面积不小于$20m^2$，蹲位数量与人员比例不小于1：10。

③厕所应指定专人负责卫生工作，应定时进行清扫、冲刷、消毒，防止蚊蝇滋生，化粪池应及时清掏，应符合卫生要求。

(5)党员活动中心、活动场地、医疗室。

①党员活动中心面积一般不宜小于$20m^2$，具备活动、学习条件，通风、照明等设施良好，书籍、报纸、杂志等配备齐全。

②活动场地包括乒乓球场、篮球场、羽毛球场以及相关的健身、娱乐等活动场所。

③医疗室可根据现场人员数量和驻地距离医疗机构的方便程度设置，并配备必要的医疗设备、药物等。具备条件的可配备相应的医务人员。

5)工区营地和农民工驻地

办公、生活设施宜参照项目部驻地执行，必须满足消防安全的相关规定；必须修建污水及生活垃圾处理设施，定期按要求进行垃圾处理；必须按满足居住人员基本生活需求配齐相关设施设备。施工单位应在工区营地和农民工驻地普及工程基本常识。

2.5　标识标牌及安全环保

2.5.1　标识标牌及图表

1)标识标牌

同类标识标牌，应材质、规格和样式统一，文字说明均为蒙、汉双语对照，主要标识标牌规格及要求见附表A-1。工程总体平面布置、工程形象进度标牌高度宜为1.2m左右，尺寸宜为400cm×150cm；岗位职责、管理制度图、体系框架图、组织机构等图尺寸宜为80cm×60cm。办公室门牌宜采用铜牌黑字，尺寸宜为20cm×10cm，居中布置在距门顶上缘10cm处。

2)建设单位主要部室图表

(1)主任室：项目主任职责，项目主任岗位责任制，项目平面图等。

(2)副主任室：项目副主任职责，形象进度图，管理制度等。

(3)工程部：部长职责，工程部管理职责，计量工程师职责，档案管理员职责、档案管理工作制度等。

(4)质检部：部长职责，质检部管理职责，试验工程师职责等

(5)安全环保部：部长职责，安全管理职责，安全管理制度等。

(6)综合部：部长职责，办公室管理职责，后勤管理职责等。

(7)财务部:部长职责,财务部管理职责,财务管理流程图等。

(8)会议室:项目总体布置图,项目总体形象进度图,廉政建设保证体系等。

(9)食堂:食堂卫生管理制度,人员职责等。

(10)宿舍:宿舍人员一览表,宿舍管理制度,卫生值日表,务工人员相关信息等。

(11)所有办公桌应放置桌牌,包含姓名,照片,职务,所属部门,编号等内容。

(12)门卫室:门卫管理制度,人员职责等。

3)施工单位主要部室图表

(1)经理室:项目经理职责,项目经理安全职责,形象进度图,标段平面图等。

(2)副经理室:项目副经理职责,项目副经理安全职责,岗位管理职责等。

(3)总工室:项目总工职责,项目总工安全职责,技术管理制度,形象进度图等。

(4)工程技术部:各个结构物的施工形象进度图,施工总体平面布置图,年度计划进度曲线,部门和人员职责等。

(5)质检部及试验室:质量保证体系,质量检查流程图,各级质量人员的管理职责、试验规章制度、操作规程等。

(6)安全环保部:安全、环保保证体系,安全检查流程图、各级安全人员的岗位职责、消防安全管理制度等。

(7)计划合同部:计量形象进度图及部门和人员职责等。

(8)机料部:材料科管理职责,机械科管理职责,物资采购流程图,机械设备管理流程图等。

(9)财务部:财务部管理职责,财务部管理流程图等。

(10)办公室:主要人员考勤表,晴雨表,部门和人员管理职责等。

(11)会议室:工程总体平面布置图,工程总体形象进度图,工程质量创优保证体系,施工组织机构框图,文明、环保施工保证体系框图,廉政建设、安全、质量、环保等保证体系等。

(12)档案资料室:档案资料管理制度,档案资料员岗位职责等。

(13)食堂:食堂卫生管理制度,人员职责等。

(14)宿舍:工地宿舍人员一览表,宿舍管理制度,卫生值日表,务工人员相关信息。

(15)所有办公桌应放置桌牌,包含姓名、照片、职务、所属部门、编号等内容。

(16)门卫室:门卫管理制度,人员职责等。

4)监理单位主要部室图表

(1)驻地(总)监理工程师办公室:驻地(总)监理工程师职责,驻地(总监)办职责,驻地(总监)办领导组织机构框图,监理人员廉政制度,质量保证体系框图,廉政建设组织框图等。

(2)副驻地(总)监理工程师:副驻地(总)监理工程师职责,廉政制度等。

(3)综合办公室:监理人员考勤表,监理机构组织设置框图,请示情报制度,综合办职责,监理人员十不准,人员与车辆外出动向牌,廉政宣传牌等。

(4)质量部及安全环保部:部门职责,监理人员廉政制度,质量监理领导小组,安全监理领导小组,环保监理领导小组,岗位职责等。

(5)专监办公室:各种专监岗位职责,各项工程监理工作流程图等。

(6)计划合同部:部门岗位职责,监理人员廉政制度等。

(7)资料室:文件管理制度,档案管理制度,资料员岗位职责等。

(8)会议室:工程线路图,工程形象进度图,会议制度,廉政建设制度等。

(9)食堂:食堂卫生管理制度,人员职责等。

(10)宿舍:工地宿舍人员一览表,宿舍管理制度,卫生值日表,务工人员相关信息。

(11)所有办公桌应放置桌牌,包含姓名、照片、职务、所属部门、编号等内容。

(12)门卫室:门卫管理制度,人员职责等。

5)其他标识标牌

(1)标段两端头或工程项目与临近交通干道、城市、村镇人群密集点的醒目位置宜设立彩门,彩门为钢结构。在项目部驻地和工地附近重要路口设置宣传栏。现场机械设备布置有序,且应悬挂安全操作规程。

(2)现场各种防火、防高空坠落、安全帽等安全标志牌按照国家有关规定统一制作,悬挂于工地醒目位置;易发生机械伤害的场所、驻地出入口及其他存在安全隐患的地方均应设置禁止、警示、提示标志;试验区域、有毒有害气体存放处,应设置禁止、指令标志;消防设施存放处应设置提示标志;废旧物品存放区应设置明示标志。

(3)现场的周转材料、(半)成品材料的堆放,严格按照有关材料堆放的规定进行,并按材料规格、计量单位、材料来源、炉号(批号)、质量状况进行标识。

(4)施工单位应在项目部驻地或工地的显著位置悬挂安全文明生产、质量管理、廉政建设等标牌标语;监理单位应在驻地的醒目位置悬挂授权委托书、岗位操作规程、试验人员公示牌、试验人员职责、试验流程图、试验检测形象进度图等。

2.5.2 安全环保及其他

(1)驻地内消防安全设施应符合现行《建设工程施工现场消防安全技术规范》(GB 50720—2011)的有关规定,需要经消防安全主管部门审批的相关事宜应及时报备审批;在适当位置设置消防池和消防砂池,配置相应的消防安全器材及消防、安全标识,并经常检查、维护、保养。

(2)驻地内应设置消防通道,并保证消防车道的畅通,禁止在车道上堆物、堆料或挤占消防通道。

(3)驻地内使用的电气设备和临时用电应符合现行《施工现场临时用电安全技术规范》(JGJ 46—2005)的规定,并按“4.2 临时用电”章节相关规定执行。

(4)生活用水必须符合国家有关饮用水标准的要求;食堂人员必须持有健康证,食堂卫生应符合卫生安全等级。

(5)生活污水。驻地必须建污水处理池、集水池等能够满足使用要求的污水汇集和处理系统,并予以管理和维护。污水排放应进行规划设计,设置多级沉淀池,通过沉淀池过滤达到排放标准,不得随意排放污水;冲洗式厕所污水应通过集中独立管道进入化粪池,封闭处理。

(6)垃圾处理。驻地内应设置一个大型垃圾堆积池，容积不小于 3m×2m×1.5m，专人负责将各种垃圾分类清理，集中存放，并定期按环保要求处理。建筑垃圾必须当天作业停止后清理完毕，并运至指定地点处理，保持现场整洁卫生。

(7)各单位驻地宜进行适当的场地绿化，具备条件时应进行一定的场地绿化，美化环境。

(8)驻地内应设有必要的防雷设施，为加强驻地安全管理工作，维护企业和职工生命财产安全，在条件允许的情况下驻地应设置报警装置和监控设施。

(9)应在驻地及其他醒目位置设立项目公示牌和项目平面示意图，每标段至少各 2 块，公示牌应参考附表 A-1 有关规定制作，表面应贴反光膜。

(10)在项目部驻地及民工驻地应设置民工工资发放公示牌，公示发放人员名单、发放月份、投诉电话等内容情况。

(11)职工宿舍应整齐、整洁。内外环境应安全、卫生、清洁，垃圾箱应由专人清理。

(12)各参建单位应根据有关法律、法规的规定建立职工健康安全管理体系。对进场人员上岗前、在岗期间和离岗时进行职业健康检查，并建立职工的基础健康档案。进场人员在上岗前必须做职业健康检查，对于疑似或已经患有职业病、传染病的人员一律不得准入上岗。

(13)各参建单位应对全体人员进行职业健康安全教育培训，提高保护环境、降低职业健康安全风险的意识；对职业健康安全可能产生重大影响的员工，如从事特种作业的人员必须经过专业培训，使其达到应具备的技能；施工单位必须为全体施工人员提供符合国家规定的劳动安全卫生条件和必要的劳动防护用品，对从事有职业危害作业的人员应定期进行健康检查。

(14)驻地应以黑板报、宣传栏等形式，积极开展政治思想、业务文化教育等为重点的政治思想教育工作。同时设立如质量活动宣传标牌、质量举报电话牌、廉政举报箱、标准化工地建设监督牌等，主动接受社会各界的监督。

3　场站建设

3.1　一般规定

（1）施工场站建设一般包括水稳拌和站、沥青混凝土拌和站、水泥混凝土拌和站、钢筋加工场、大型构件预制场、小型构件预制场、其他工地材料存放地及库房等建设。

（2）公路建设应推行集约化管理、工厂化生产、专业化施工，实现“四个集中”，即混凝土集中拌制、钢筋集中加工、混凝土构件集中预制、材料集中管理，充分发挥集约化施工的优势。

（3）项目招标前，建设单位应充分考虑集约化施工管理的要求，统筹规划，将具备多个合同段集中施工生产的工程集中招标，对不具备多个合同段集中施工生产的工程应尽量要求在单个合同段实行集约化施工。

（4）路基排水工程的排水沟盖板、防护工程预制块、隧道工程的边沟盖板及其他设计要求的小型预制构件应集中预制，集中管理，统一工艺。

（5）场站选址应用地合法，周围无塌方、滑坡、落石、泥石流、洪涝等地质灾害；无高频、高压电源及其他污染源；离集中爆破区500m以外；不得占用已规划的取、弃土场。

（6）施工材料存放应与拌和站、钢筋加工场、预制场等场地配套建设。施工单位进场后，应根据实际需要进行场站和施工材料存放地的选址与规划，明确其设置规模及位置等，并编写建设方案。

（7）场站临时用电必须符合现行《施工现场临时用电安全技术规范》（JGJ 46—2005）的有关规定，并按“4.2 临时用电”章节和《安全生产》分册的相关规定执行。

（8）场站消防设施必须满足现行《建设工程施工现场消防安全技术规范》（GB 50720—2011）的有关规定，配置相应的消防安全标识和消防安全器材，并定期检查、维护、保养。

（9）施工机械设备产生的废水、废油及污水应经过处理后排放，不得直接排入河流、湖泊或其他水域中，不得排入饮用水源附近的土地中。

（10）拌和站、钢筋加工场、预制场内标识、标牌设置明确，标识清晰。项目全线应：同类标牌，尺寸统一、版面形式统一、埋设高度统一。

（11）每个标段所有用于桥涵、隧道（不含初支喷射混凝土）、通道工程的混凝土必须采用自动计量功能的拌和设备进行集中拌和，严禁使用小型拌和设备现场混凝土生产。

（12）拌和站必须保证在施工高峰期进行混凝土不间断供应。同时，混凝土拌和站应配备足够的混凝土搅拌车和混凝土泵送车，满足混凝土高峰作业的需要。

（13）拌和站应合理划分为生活区、拌和作业区、材料计量区、材料库及运输车辆停放区。当离驻地较远不便时，应设拌和站生产、生活营地，标准参照驻地建设相关要求执行，同时消防、安全设施应配置齐全到位，并做好雨、污水排放及垃圾处理，防止污染环境。

(14)拌和站必须由项目部直接管理，严禁分包、转包；使用商品混凝土必须经监理单位审查，建设单位批准，同时加强相关质量监督管理。

(15)拌和站建成后，均应通过当地计量认证部门的标定，且必须报总监办、建设单位验收合格后，方可使用。

(16)拌和站所有安装设备必须设置不低于 C30 的水泥混凝土基座，保证安装设备稳定、牢固。必要时采用桩基式扩大基础、设置缆风绳等安全保障设施。

(17)凡用于工程的原材料(半成品、成品)等必须检验合格，并经监理批准后方可进场；具备条件的应建立进场许可证制度；在使用过程中，按相关要求加强对原材料的检测。

(18)在生态脆弱或敏感地区，进行场站建设或施工时，应制订具有针对性的环保专项方案，切实加强环境和生态保护。

(19)各种施工场站在工程交工后，施工单位均应按有关规定进行场地恢复，并报相关单位或部门验收，验收通过后方可退场。

(20)对于在居民区、学校等敏感地带施工时，一是应合理安排施工作业时间；二是应调整施工设备、工艺；三是应采取降噪措施，安装声级仪进行监控，以保证区域环境噪声符合现行《建筑施工场界环境噪声排放标准》(GB 12523—2011)的规定；当确实受实际条件限制时，必须报备相关单位审批，并做好相关预案。

(21)本章未提及的，请参照本指南系列其他分册有关要求执行。

3.2　拌和站

3.2.1　场地选址

拌和站场地选址除应符合一般规定外，还应根据本合同段的工程规模、工程特点、运输条件、通电通水条件等特点综合选址，尽量靠近主体工程施工部位，做到运输便利、经济合理；拌和站应远离学校、生活区、居民区，尽量设在学校、生活区、居民区的下风向。

3.2.2　场地建设

(1)拌和站应根据工程实际情况集中布置，宜采用封闭式管理，四周设置围墙，出入口宜设置大门和值班室，并悬挂安全生产标语。

(2)拌和站建设应综合考虑施工生产情况，合理划分拌和作业区、材料计量区、材料库、运输车辆停放区、试验区、集料堆放区及生活区，内设洗车池(洗车台)、污水沉淀池和排水系统。生活区与其他区应相互分开或隔离，生活用房按照驻地建设章节相关要求执行。

(3)拌和站场地面积、搅拌设备配置及产能应满足生产、施工及工程进度要求，一般水泥混凝土拌和站占地不宜少于 10 000m^2，水泥稳定碎石拌和站占地不宜少于 15 000m^2，沥青混凝土拌和站占地不宜少于 35 000m^2，均含料场。场地面积、搅拌设备配置可结合施工进度要求、备料场大小等情况优化调整。

(4)场内应根据不同部位的使用需求进行硬化处理。拌和站主要设施、周边和生活办公区,应先地基处理,再采用不小于 15cm 的碎石垫层+10cm C15 水泥混凝土硬化;主要运输道路宜采用不小于 20cm 厚的 C20 水泥混凝土硬化,基础不好的道路应增设碎石垫层;碎石储料场地必须进行硬化,至少采用碎石进行硬化处理;其他位置可铺设砂砾、碎石进行硬化;做好排水,场内排水应按照中间高、四周低的原则预设不小于 1.5%排水坡度,四周设置砖砌排水沟,并采用 M7.5 砂浆抹面;确保场地雨天不泥泞,晴天不扬尘,具备条件时应适当进行场地绿化。

(5)场外施工便道应按合同、设计文件和施工组织设计的要求合理布设。施工便道宽度应不小于 4.5m 时,必要时宜每隔 200m 设置 20m 会车道。拌和场外 200m 道路及高等级公路进口 200m 范围内的便道应采用沥青混凝土或水泥混凝土进行罩面处理,并由专人负责养护,防止扬尘和积水;运输车辆的轮胎尽量保持干净,若不干净,应进行冲洗。

(6)拌和站各罐体宜连接成整体,安装缆风绳和避雷设施,每一个灌体应喷涂成统一颜色,并绘制建设项目名称及施工单位名称,两者竖向平行绘制,颜色(宜白底蓝字)、字体醒目。

3.2.3 原材料堆放

(1)凡用于工程的砂石料必须验收合格方可进场,且应按级配要求,不同粒径、不同品种严格分档、隔离堆放,严禁混堆。分隔墙应采用不小于 30cm 厚砖石砌体或混凝土构造物,隔墙高度一般不小于 2.5m,2.5m 以上部分可采用软隔离;分隔墙顶面高度应高于料堆坡脚至少 50cm 以上,应确保不串料,堆形状为梯形。砂石材料堆放时应防止离析。每区醒目位置设置材料标识牌。

(2)面层碎石储料场地必须进行硬化,宜采用混凝土进行硬化处理,至少采用碎石进行硬化处理;基层储料场地宜用水稳材料进行硬化处理(厚度不宜小于 20cm),至少采用碎石进行硬化处理。料场底应高于外部地面,宜沿纵向每隔 5~10m,横向每隔 15~20m 设盲沟,坡度不小于 0.5%,盲沟应与场地排水明沟相连,在堆料仓前后应设置排水明沟,保持排水通畅、不积水。

(3)堆料场地和场区道路杜绝弹簧、翻浆现象。应设专人每天对拌和场、场区道路等及时进行洒水清扫,减少灰尘对集料的二次污染。

(4)面层储料场应搭设防雨棚(干旱少雨地区,根据实际情况,粗集料存放可采用覆盖防雨措施),细集料存放时必须搭设防雨棚,防止雨淋,防雨棚仓储面积不宜小于 2 000m^{2}并满足实际施工需要;防雨棚宜采用轻型钢结构,高度应满足机械设备操作空间(一般不宜小于 7m)要求,并满足受力、防风、防雨、防雪等要求。

(5)路面基层储料场也应采取有效措施防止石料过度雨淋,4.75mm 及以下集料应设雨棚或覆盖防雨措施。

(6)袋装水泥应在室内架空存放,散装水泥应及时进罐,防止受潮。

3.2.4 拌和设备

(1)水稳拌和应采用强制式拌和机,设备具备自动计量功能,一般设自动计量补水器加水,生产能力不宜低于 400t/h;沥青混合料采用间歇式拌和机,配备计算机及打印设备,生产能力不宜低于 240t/h。

(2)水泥混凝土拌和设备应采用强制式拌和机,生产能力应满足施工需要。拌和设备应采用自动计量方式,水、外加剂计量应采用全自动电子称量法计量,严禁采用流量或人工计量方式,以保证混凝土工作的连续性、自动性,且具备电脑控制及打印功能。减水剂罐体应加设循环搅拌水泵。

(3)沥青拌和站计量设备应通过当地计量认证部门标定后方可投入生产,使用过程中应不定期进行复检,确保计量准确。控制室安装分体式空调,保证各部电气元件正常工作。

(4)拌和站应根据拌和机的功率配备相应备用发电机,确保拌和站有可靠的电源供给。

(5)拌和站备料斗应满足配合比用料数量要求,料斗必须"三设防":防超粒径钢筋网;防串料钢板;三面防雨轻结构钢棚。

(6)拌和站必须安装避雷设施,且有防尘措施。

(7)设置拌和站信号管理系统,确保工程车辆与拌和站控制室工作联系通畅。

3.2.5　拌和站作业监理旁站制度

(1)拌和站作业期间应执行施工单位试验员盯岗和监理单位监理员旁站制度。拌和站作业试验员不到位或未得到现场监理批准时,监理员有权要求拌和站不得开始拌和作业。

(2)拌和作业前准备工作。

①各种用料抽检合格;检测含水率;提供施工配合比,向操作人员交底。

②检查料仓、料斗上料的材料规格。

③查验水、外加剂等计量设备是否良好、准确。

(3)记录拌和楼开盘时间,检查、记录拌和情况、铲斗上料情况、停拌时间、交接班情况及异常情况处理等。

(4)留取试样,及时标识、试验、储存和养生。

(5)水泥混凝土拌和时,检测、记录混凝土的和易性、坍落度。冬季施工时,还应检查、记录相应的温度情况。

(6)沥青混合料拌和时,检查、记录混合料拌和沥青裹覆情况、拌和温度、出料温度、车号等情况。

3.2.6　其他要求

(1)作业平台、储料仓、集料仓、水泥罐等涉及人身安全的部位均应设置安全防护装置。传动系统裸露的部位应有防护装置和安全检修保护装置。

(2)设专人定期进行拌和站的清理、打扫,保持拌和站内卫生。每次作业完成后,及时清洗机具,清理现场,做到场地整洁。

(3)应根据需要设置机动车辆、设备冲洗设施、排水沟及沉淀池,施工污水处理达标后方可排放。对于生态脆弱或敏感地区,应制订专项处理方案,切实加强环境和生态保护。

(4)砂石料场底部、上料台、上料输送带下部废料应经常性清理并保持清洁,严禁混料回仓使用；地面应定期洒水防尘，对粉尘源进行覆盖遮挡等处置。

(5)水泥、粉煤灰等材料进料时，应确保罐顶的密封性；预留通气孔应设有降尘措施；当粉尘较大时，应暂时停止上料，待处理完毕后方可继续。拌和楼按全封闭设置，减少或防止灰尘污染空气。

(6)外加剂存放地应硬化处理；外加剂存放离地面和墙体均在 30cm 以上，且存放高度在 1.5m 以下，防止外加剂受潮、板结。

(7)对于拌和站的液态、固态等各类废弃物，应按照相关规定采取措施进行处理，不得排放于生活用水源附近，避免对周围环境造成污染。

(8)保持道路通畅，避免占道、阻车等现象发生。

(9)加强路面养生及交通管制工作，保持施工路面的干净、整洁。

(10)机械管理。

①机械设备实行准入制，按照工程计划、施工进度安排，先后进场。

②机械存放处应合理规划，应靠近驻地或拌和站，地面应采用硬化处理。对长期不用设备，应搭设防雨棚等措施。

③严格执行日常保养、换季保养、停放保养制度；各类机械设备应统一编号管理。

④应设置设备管理小组、安全操作规程、维修保养制度、管理制度等体系，确保工程设备良好运转。

3.2.7　标识标牌

(1)拌和站大门位置必须布置详细的现场布置图，站内设置明显的标识牌。拌和站内醒目位置应设置总体平面布置图、管理人员名单及监督电话牌、安全生产牌、消防保卫牌、文明施工牌、环境保护牌、安全警示图等标志；在其他主要施工点、道路交叉点，根据实际情况设置必要指路牌、限速牌等标志牌。

(2)应在拌和机操作房前醒目位置悬挂配合比标识牌，标识牌采用镀锌铁皮制作，尺寸为 200cm×150cm，油漆喷涂，确保不褪色，数字采用彩笔填写，字迹工整清晰。

(3)拌和站出入口、拌和楼控制室，必须设置禁止、警告、指令标识。

(4)应在拌和机操作室内悬挂机械操作规程、安全规定标识牌；易发生机械伤害的场所、施工现场出入口及其他存在安全隐患的地方均应设置禁止、警示、提示标志。

3.2.8　安全环保

(1)拌和站内各功能区必须在醒目位置设有防火设施，每个功能区至少配置一个消防池并配备相应的灭火器材，灭火器材数量必须满足相关消防规定。

(2)油罐应远离生活区、办公区 50m 以上，油罐周围，必须采用围墙或围栏等形式进行隔离，并设置禁止、警告标志。

(3)油罐应按设计规定装油，不得混装。油罐区内禁止存放危险品、爆炸品和其他易燃物质。

(4)临时用电应符合现行《施工现场临时用电安全技术规范》(JGJ 46—2005)的规定，

并按“4.2 临时用电”章节相关规定执行。

(5)电力作业人员必须持证上岗,按规定正确穿戴和使用劳动保护用品。

(6)应严格按照临时用电施工组织设计与拌和站平面布置图进行电力线架设和管理,且动力和照明线必须分开架设。

(7)配电房、变压器等固定电力设备,均设安全防护屏障或网栅围栏,高度不低于2.5m,并应设置明显的禁止、警告标志。

(8)夜间施工时,应设有满足施工安全要求的照明设施。照明设施应加设网罩防护,不得使用简易碘钨灯。

(9)拌和楼必须设置防尘设施,回收粉尘进行集中处理;水泥或粉煤灰罐应有避雷设施。

(10)运输材料时,对于易扬尘的石灰、粉煤灰等材料应采取严密覆盖措施;料场、存放区等储存易扬尘的材料时,应采取覆盖、洒水等防尘处理措施。

(11)拌和站管理人员和作业人员应统一着装,持证上岗作业。

(12)排放的废水、废油等施工污水处理达标后方可排放。

3.3　钢筋加工场

3.3.1　场地选址

钢筋加工场选址除应符合一般规定外,还应根据本合同段的主要构造物分布、运输条件、钢筋加工量等特点综合选址,做到运输便利、经济合理,并编写建设方案,内容包括位置、占地面积、功能区划分、场内道路布置、排水设施布置、水电设施设置及施工设备的型号、数量等。

3.3.2　场地建设

(1)宜采用封闭式管理,场地应根据工程实际情况按原材料堆放区、钢筋下料区、作业区、半成品堆放区、成品待检区、合格成品区、废料处理区等应科学合理布置,功能明确,标识清晰。

(2)一个标段原则上只设一个钢筋加工场,场地面积应根据钢筋(材)加工量的大小要求进行设置:一般加工量在10 000t以上的,场地面积不宜小于3 500m^2;加工量在6 000~10 000t的,场地面积不宜小于2 000m^2;加工量在6 000t以下的,场地面积不宜小于1 500m^2。

(3)场内地面应做硬化处理,主要运输道路宜采用不小于20cm厚的混凝土硬化,基础不好的道路增设碎石垫层,其他部位应做适当硬化。场内排水应按照中间高、四周低的原则预设不小于1.5%排水坡度,四周宜设置砖砌排水沟,并采用M7.5砂浆抹面。

(4)钢筋加工场架构宜采用轻型钢结构搭设,顶部采用固定式拱形防雨棚,高度应满足加工设备操作空间(一般不小于7m)的要求,并设置避雷及防风保护措施。钢筋加工棚内应设置龙门吊等专用吊装设备,龙门吊的起重能力应满足施工要求,吊装作业区应封闭管理,并设置安全警告标牌。

(5)所有钢筋加工作业严禁露天进行，必须集中加工制作。应合理选择加工设置地点，宜采用集中加工配送方式，减少二次搬运量，避免与施工干扰；桥梁下部构造钢筋可视实际情况在现场拼装。

(6)一般情况下，承台、系梁、盖梁、桩基、墩柱、预制板梁、小构件、盖梁骨架片、钢架等的钢筋骨架应在混凝土台上定型胎架制作，整体吊装。

(7)个别桥梁、隧道、涵洞受地形、运输条件限制时，可视实际情况采用简易钢筋棚加工，简易钢筋棚面积应满足生产、施工要求。棚内地面应按规定进行硬化或支垫设置。

(8)钢筋加工机械设备应满足工程质量和进度需要，并符合以下要求：

①机械设备应根据加工工艺的流水线要求合理布设，做到作业"无缝化"，并悬挂机械操作安全规定公示牌（即安全操作规程）和设备标识牌。

②加工场必须配备相应的合格吊装设备；宜配备数控钢筋弯曲机、数控弯箍机，以保证工程所需各种钢筋均由机械自动加工成型。

③金属加工机械（如卷扬机等）工作台应稳固可靠，防止受力倾斜。

④桥梁桩基、立柱等的主筋直径大于或等于25mm时，宜采用机械连接工艺。

⑤箍筋、弯起钢筋等宜采用数控设备加工。

(9)在作业区应悬挂各种型号钢筋的大样设计图，标明尺寸，确保钢筋下料及加工准确。

(10)钢筋加工场应根据工程实际情况集中布置，宜采用封闭式管理，材料堆放区、成品（半成品）区、作业区应分开或隔离。

(11)钢筋焊接区必须设置防火、防雨、防雪等设施。

(12)钢筋应垫高堆放，下部支点应以保证钢筋不变形为原则。钢绞线的存放应保持干燥，防止被雨水淋湿。

(13)安装时，应保证钢筋表面无灰尘、有害锈蚀、松散锈皮、油漆、油脂、油或其他杂物。

(14)在钢筋绑扎安装工序中，禁止使用低标号强度砂浆垫块等简易办法，并按照设计要求设置垫块位置及数量，垫块绑扎或焊接应牢固，避免预制梁钢筋在混凝土浇筑和振捣过程中产生位移和脱落，以确保混凝土钢筋保护层厚度检测合格率和预制梁整体质量符合要求。

(15)未尽事宜，按相关标准、规范、规程及合同文件要求执行。

3.3.3 钢筋加工设备管理要求

(1)进场机械设备必须能满足工程质量和施工进度要求；进场机械设备必须性能良好，安装调试简便，容易操作，维修方便，可靠性能高，安全性能好；不会对环境造成污染和破坏，如油污染和声污染等。

(2)机械操作人员必须持证上岗，必须熟悉所操作机械的构造、性能及保养规程，必须熟练掌握机械设备的操作规程。

(3)机械操作人员作业前，应按设备的规程进行检查，作业中应严格遵守劳动纪律，严格执行相应操作规程和有关的安全规章制度，并做好设备使用、维护、保养记录。

(4)设备安装应牢固、稳定，防止受力时设备发生位移和倾斜，引发设备事故。

3.3.4 标识标牌

(1)在加工场内醒目位置，应设置工程公示牌、管理人员名单及监督电话牌、施工平面布置图、安全生产牌、消防保卫牌、文明施工牌、环境保护及安全警示图等明示标志。

(2)钢筋加工场的原材区、加工区、成品区等，应根据分区分别设置明显的标识标牌。安全通道应设置禁止标志。

①应严格按照规定对现场材料进行标识，标识内容应包括材料名称、产地、规格、型号、生产日期、出厂批号、进场日期、检测状态、进场数量及使用单位等，并根据不同的检验状态和结果采用统一的材料标识牌进行标识。各种原材料半成品或成品应按其检验状态与结果、使用部位等进行标识。

②钢筋加工区。

A. 加工区出入口和场内，应设置禁止标识和警告标志，各作业场所应设置标识标牌。

B. 焊接、切割场所应设置禁止标志、警告标志；土木加工区应设置禁止标志；氧气、乙炔等易燃易爆场所应设置禁止标志和明示标志；加工用电场所、易发火灾场所应设置警告标志；消防器材放置场所应设置提示标志。

C. 机械设备应悬挂机械操作安全规定公示牌和设备标识牌；易发生机械伤害的场所、施工现场出入口及其他存在安全隐患的地方均应设置禁止、警示、提示标志。

D. 作业区，应悬挂各部位钢筋大样设计图，图上应标明尺寸、部位，确保下料机加工明确。钢筋的规格、形状、尺寸、数量、间距、锚固长度、接头位置及保护层厚度必须符合设计要求和施工规范的规定。

③钢筋(半成品)成品区。在钢筋(半成品)成品区，应严格按照规定，根据产品的不同检验状态和结果、使用部位，采用统一的材料标识牌对产品进行标识。

④不合格品应挂牌标识。对于钢筋下脚料等应定点存放，及时清理。

3.3.5 安全环保

(1)工作台应牢固、稳定。场内各功能区必须在明显位置设置防火设施，并按要求配备足够的灭火器；场内应设置照明及应急照明设施，照明电路与工作电路必须分开。电路布设应科学、合理，一般沿棚的两侧布设，严禁乱拉、随地放置。

(2)各种气瓶应有标准色，气瓶间距不小于 5m，距明火不小于 10m，且应采取隔离措施。气瓶的使用或存放符合要求，应有防振圈和防护帽。

(3)焊接、切割场所应设置禁止标志、警告标志；使用氧气、乙炔等易燃易爆的场所应设置禁止标志和明示标志。

(4)严禁将不易腐化的合成材料、化工原料等擅自埋入地下；加工剩余的短小材料及废料应合理回收，充分利用。

(5)焊接时应接地可靠，导线绝缘良好，并佩戴好防护用品；施焊时必须将其端部夹紧，在正对钢筋处位置严禁站人，以防钢筋滑脱伤人。钢筋拉伸卷扬机前加设护栏，防止钢筋拉断反弹伤人。

(6)钢筋运输前与塔吊司机统一信号,使起、落、转、停一致,严禁违章指挥和操作;高空作业必须搭设操作平台,施工人员戴安全帽和系安全带;所有操作及相关设备必须符合相关安全规范、规程和标准。

(7)各种机械加工设备必须经有关部门检查验收合格后方可使用,并做好验收合格记录,以备检查。堆料场钢筋合理运至施工作业面,尽可能减少噪声污染。

(8)钢筋起吊时,下方严禁站人,必须待钢筋降落到距地面1m以内方准靠近,就位支撑好后方可摘钩;钢筋应进行防腐处理,当进行防腐处理时,制作区应远离办公生活区;人工断料工具必须牢固。

(9)生产及管理人员进入钢筋加工场时,必须佩戴安全防护用品。现场管理人员、作业人员和安全监理人员的安全防护用品的标识应严格区分。

(10)钢筋加工工作台应牢固、稳定,防止造成人身安全事故;电焊工应持证上岗,焊接操作时防护用品佩戴齐全;钢筋焊接时,应有可靠的接地装置,导线绝缘良好。

(11)钢筋加工场作业人员宜着装统一,进入施工现场必须穿戴相应劳动保护用品。作业人员必须进行技术培训,并持证上岗作业;钢筋加工场应专人定期每天清理和打扫,保持场内整洁卫生。

(12)易产生粉灰、有害气体的加工场、存放场应采取除尘、有害气体净化措施,且远离生活区、居民区,尽量将加工场设于场地下风向位置。施工机械设备生产的废水、废油及生活污水不得直接排入河流、湖泊或其他水域中,也不得排入饮用水源附近的土地中。

(13)场内施工用电应规范管理,各作业区用电回路分开设置,加设断路器和漏电保护器。照明设施应加设网罩防护。各种加工设备必须有地线连接,设备电源必须有漏电保护装置,设备维修必须由专职人员进行,不得私自进行维修。其他临时用电要求按“4.2 临时用电”章节相关规定执行。

(14)施工现场应成立消防领导小组,每日对现场进行巡检,发现隐患及时处理。

3.4　大型构件预制场

3.4.1　场地选址

预制梁场场地选址除应符合一般规定外,还应满足以下要求。

(1)原则上,一个标段只设一个大型预制场,场地选址应合理,布设应符合工地建设标准化要求。一般场址不得占用互通区、服务区等永久占地及主线征地范围,若确实存在用地困难等特殊情况,需要将预制场设于主线征地范围内时,应报项目建设单位审批许可后方能实施。

(2)选址以方便、合理、安全、经济及满足总工期为原则,并结合地形、设备、预制场建设规模、架设方法要求以及运输条件等进行综合选址与规划。

(3)预制场选址应避免在矿山采空区、顺层滑坡体以及堆积层、坡积层及坡度在45°(一般宜30°)以上的山区、泥石流、河道、水库下游等地形和地质、水文不良地带,避开塌方、落石、滑坡、危岩、雷区、积沙、积雪等地段。

3.4.2 场地建设

(1)预制场规模必须满足工程实际需要,应根据预制梁板总量、预制工期和每个台座周转次数确定台座数量;模板应与台座数量匹配。场地建设前,施工单位应将梁场建设方案报监理工程师审批,方案内容应包含功能区划分、台座形式及数量、模板配套数量、生产能力、存梁能力及附属设施布置等。

(2)宜采用封闭式管理,道路和排水通畅,场地内应按办公区、生活区、构件加工区、制梁区和存梁区、废料处理区等科学合理布置,功能明确,标识清晰。办公生活区应与其他区分开或隔开,用房按照驻地建设章节相关要求建设,相应的消防、安全设施应齐全到位,并做好雨、污水排放及垃圾处理,防止污染环境。

(3)预制梁场原则上设置一处,应统筹设置,必须满足项目工程建设实际需要;建设规模及设备配置应与预制梁板的数量和预制工期相适应,其一般占地规模可参考表 3-1。

预制场占地面积　　表 3-1

梁片数量(跨径 $L\leqslant 20$m)	≤200	200~400	400~600	≥600
梁片数量(跨径 $L>20$m)	≤80	80~160	160~240	≥240
占地面积(m^2)	3 000	4 500	6 300	8 000

(4)场内地面必须做硬化处理,主要运输道路应采用不小于 20cm 厚的 C20 混凝土硬化,基础不好的道路应增设碎石垫层;其他部位应做适当硬化。场内设置一定的纵坡,防止积水,四周设置砖砌排水沟,并采用 M7.5 砂浆抹面。

(5)预制场应尽量按照“工厂化、集约化、专业化”的要求规划、建设,每个预制场预制的梁板数量不宜少于 300 片。若个别受地形、运输条件限制的桥梁梁板需单独预制,规模可适当减小,但钢筋骨架定位胎模、自动喷淋养护等设施仍应满足施工生产要求。

(6)预制梁的钢筋加工、混凝土拌和时,应尽量使用合同段既有的钢筋加工场和拌和站。

(7)预制梁板钢筋骨架应统一采用定位胎模进行加工,并设置高强度砂浆垫块确保钢筋保护层。

(8)在场地内,必须根据预制梁养生时间及台座数量,采取有效的覆盖保温措施和配置足够的自动喷淋养生设备。预制梁板采用土工布包裹喷淋养生(冬季应根据气候情况采用蒸汽保湿养生),养生水应循环使用。喷淋水压泵应能保证提供足够的水压,确保梁板的每个部位均能养护到位,尤其是翼缘板底面及横隔板部位。

(9)在预制场建设时,应根据需要提前预埋蒸汽养生用的暖气管道。

(10)预制梁模板实行准入制。底模、侧模、芯模应全部采用钢模板。

(11)T 梁、箱梁预制场,应配备上梁顶扶梯;梁板(模板)必须选用优质脱模剂。

(12)堆料场要求同拌和站中的沙石料场;波纹管、锚具、支座等其他材料必须按相关要求建库保管和加工,做到有物必有区、有区必有牌,同时做好防锈、防腐、防火、防盗工作。

3.4.3 台座布设

(1)预制梁板的台座强度应满足张拉要求,台座尽量设置于地质较好的地基上,在不良地段,应先进行地基处理。为避免后张法施工的台座两端受集中荷载引起沉降,两端台座应采用设立钢筋网片、混凝土强度等级不低于C20的扩大基础,基础尺寸根据梁板自重、底板宽度、地基地质等情况而定。为防止发生张拉台座不均匀沉降、开裂事故,影响预制梁板的质量,先张法施工的张拉台座严禁采用重力式台座,应采用钢筋混凝土框架式台座。

(2)预制梁台座面板(底模)应采用厚度不小于8mm的钢板或厚度不小于20mm的水磨石,不得采用混凝土底模,底模应用抛光机磨平,确保平整、光滑,防止黏结造成底模"蜂窝"、"麻面"。台座两端应在梁板设计长度10cm以上并满足实际需要。

(3)吊装孔处采用插槽式活动抽拉钢板或采用楔形钢模板,并用机械顶或千斤顶支设。

(4)台座横向做成水平,纵向按设计预设反拱;纵横向间距应充分考虑施工作业空间,纵向间距一般以5~7m为宜,保证芯模方便拆除。

(5)禁止采用砖砌底座;严禁采用混凝土、大理石、地板革等做底板。

(6)存梁区台座混凝土强度等级不低于C20,台座尺寸应满足使用要求。用于存梁的枕梁应设在离梁两端面各50~80cm处且不影响梁片吊装,支垫材质应采用承载力足够的非刚性材料且不污染梁底。

(7)先张法张拉台、横梁采用C30以上强度等级混凝土浇筑,保证张拉台和横梁有足够的强度和刚度。张拉台的抗倾覆系数应不小于1.5,抗滑系数应不小于1.3。横梁受力后挠度不大于2mm。

3.4.4 梁板芯模、侧模及梁板的存放

(1)芯模模板。接口夹缝内应粘贴厚度不小于2mm的回力胶条。严禁用胶带、油毡等处理接口夹缝。

(2)侧模模板。采用标准化的整体模板,钢板厚度应不小于6mm,各种螺栓采用标准化的螺栓。模板使用前必须进行试拼并打磨干净,接口夹缝及侧模与底模企口内粘贴厚度不小于2mm的回力胶条,确保模板接缝密合平顺、不漏浆、无错台。

(3)梁端堵头及翼缘板齿板模板均采用定型钢模板。钢筋孔位应切割预留,均应用橡胶垫封堵,防止漏浆。禁止使用海绵、麻线、布条等封堵。

(4)模板在使用过程中应加强维修与保养,每次拆模应派专人进行除污,并做好防雨、防尘、防锈及防止模板的变形与受损;模板有轻微凹凸时,应采用原子灰进行找平打磨处理;损坏严重时应及时更换。

(5)存梁区。场地应平整、不沉陷、不积水。存梁台座必须设置在稳固的地基上,存梁的枕梁必须设置在承载力验算合格的基础上,用C30及以上强度等级混凝土浇筑,必须保证足够的强度和刚度,应连成整体,不应有横坡。存放量不应小于梁板预制高峰期每天预制梁板总数的15倍。

(6)在使用过程中,监理和施工单位应定期对台座进行复测检查,非不良地基区域的台

座每 3 个月复测 1 次,不良地基区域的台座每月应复测 1 次,并建立观测数据档案,分析台座沉降情况,发现异常应及时处理。

(7)梁板预制完成后,移梁前应对梁板喷涂统一标识和编号,标识内容包括预制时间、张拉时间、注浆时间、施工单位、梁体编号、部位名称等。

(8)空心板、箱梁、T 梁最多存放层数应符合设计文件和相关技术规范要求。设计文件无规定时,空心板叠层不超过 3 层,箱梁堆叠存放不超过 2 层,层间支点处应采用方木等支撑;T 梁及 25m 以上的箱梁宜单层存放,并支设防倾覆支架。

(9)存梁区内应预留不小于 6.5m 宽的运梁通道。

(10)当情况特殊利用路基、路堤、互通区、服务区做预制场时,场地必须按照预制场场地硬化、台座处理等相关要求设置,预制场使用完毕后清除一切影响下一步工序的设施。当利用路基、路堤做预制场时,必须做好防渗水及排水处理。

3.4.5　梁板养生

(1)每片梁板的混凝土浇筑时间不应超过 4h 且应符合混凝土浇筑的相关规定。

(2)冬季施工必须采用框架式移动养生棚蒸汽养生法。养生棚应防潮、隔热、保温,同时配置温度计和湿度计。

3.4.6　辅助设备、设施

(1)进场机械设备必须能满足工程质量和施工进度要求;安装调试简便,容易操作、维修方便,可靠性高,安全性能好;对环境不会造成污染和破坏,如油、声污染。

(2)施工现场安装、拆卸大型施工机械时,必须由具有相应资质的单位承担,施工单位负责人、安全直接负责人、安全(设备)主管工程师到场把关。转场时,应有“专项方案、专项检测、专项见证、专项放行、专项检查”,技术负责人、领工员、安全员、技术员及监理员应现场把关。大型施工机械夜间不得安排转场、移机。

(3)大型施工机械作业时,现场必须有领工员、安全员、技术员、监理员等相关人员把关。龙门吊、架桥机、塔吊必须经有关技术监督部门检验合格后方可投入使用。轨道龙门吊须提交计算书并经监理工程师批准,起重设备在使用前应进行试吊,并办理相关检验手续。

3.4.7　标识标牌

(1)应在预制场内醒目位置设置工程告示牌、管理人员名单及监督电话牌、安全生产牌、消防保卫牌、文明施工牌、环境保护牌、施工平面布置图及安全警示图等标志。

(2)吊装作业区、安全通道,应设置警示或警告标志;预制场的箱(板)梁生产区、箱(板)梁存放区、构件加工区、各生产区域应设置醒目的明示标识。

(3)钢筋绑扎区的明显位置应设置标识牌;张拉台座两端应设置指令标志,并设置钢板防护。

(4)现场使用的机械设备,应在醒目位置悬挂机械操作安全规定公示牌;易发生机械伤害的场所、施工现场出入口及其他存在安全隐患的地方均应设置禁止、警示、提示标志。

3.4.8 安全环保

(1)预制场出入口宜设置洗车台(池),防止运送材料车辆、混凝土罐车等将泥土带进场内。场内应设置沉淀池,施工污水应先汇入沉淀池处理达标后方可排放。

(2)场内应设置张拉防护台座,确保张拉操作时人员安全。

(3)变压器设置的安全距离应符合相关规范规定。所有的电气设备按安全生产的要求进行标准化安装,所有穿过施工便道的电力线路采用从硬化地面下预埋管路穿过或架空穿越。其他临时用电及消防安全,参照"4.2 临时用电"章节执行。

(4)预制场内管理人员和作业人员,宜着装统一,持证上岗作业;对于预制场,应每天清理,保持场内整洁卫生。

3.5 小型构件预制场

路缘石、排水沟盖板、各种防护工程用预制板、中央分隔带混凝土护栏及其他小型混凝土预制构件应统一集中预制。

3.5.1 场地选址

小型构件预制场选址除应符合一般规定外,还应以方便、合理、安全、经济及满足工期为原则。根据本合同段内小型预制构件数量及总工期要求,同时结合地形、设备和桥梁架设方法,进行小型构件预制场的综合选址与规划,明确其位置和规模,并编写建设方案。预制场建设完成后,需经监理工程师验收合格后方可生产。不符合要求的预制场不允许进行小型预制构件的生产。

3.5.2 场地建设

(1)宜采用封闭式管理,场地应按构件生产区、养护区、成品存放区、废料处理区、生活区等科学合理规划,其布局应满足工厂化生产的要求,功能明确,标识清晰,交通流畅。

生活区应同其他区隔离,各区域的划分用黄色油漆隔离标识,并在各个区域设置标识牌。生活办公区参照项目驻地相关部分要求执行,相应的消防、安全设施应配置齐全到位,并做好雨水、污水排放及垃圾处理,防止污染环境。

(2)预制场的建设规模应结合小型构件预制数量和预制工期等参数来规划,场地面积一般不小于 2 000m^2。

(3)场内地面必须硬化处理,主要运输道路宜采用不小于 20cm 厚的 C20 混凝土硬化,基础不良的道路应增设碎石垫层,其他部位应做适当硬化。场内不允许积水,四周宜设置砖砌排水沟,并采用 M7.5 砂浆抹面。

(4)生产区根据合同段设计图纸确定的预制构件的种类设置生产线,每条生产线必须设置振动振捣台,同时配备小型拌和站 1 座,应尽可能利用既有拌和站。

(5)养护区应采用自动喷淋养护系统,可结合土工布覆盖对构件进行养护,确保构件养生期处于湿润状态。混凝土养生必须覆盖 7d 以上,同时符合相关规范要求。

(6)成品按不同规格分层堆码,堆码高度应保证安全。对于预制块、片(如防护衬砌肋、盖板等)堆码不得超过 2 层,对于整体式预制件(如缝隙式水沟等)不得超过 4 层。预制件养护期不得堆码存放,以防损伤。运输过程中应采取措施,防止缺边掉角。

(7)路缘石、防护工程用各种类型的预制块等小型构件宜采用 C40 及以上强度等级水泥混凝土预制。

3.5.3　其他要求

(1)小型构件预制应选用振动台振捣,应对振动台的性能进行分析与比选,振动台电机功率应经过现场试验,确定振动台的电动机功率(一般为 1.2~1.5kW);根据预制构件生产数量确定振动台数量,以满足工程连续施工需要。

(2)模板应使用整体定型的钢模或高强度塑料模具,入模前应进行拼缝检查,对拼缝达不到要求的,辅以双面胶或泡沫剂,应选用优质脱模剂,保证混凝土外观。在周转过程中应有覆盖措施,防止雨淋、生锈、污染。

(3)模具应集中在专门场地进行清洗,污水应做沉淀等无害处理,尽量循环利用,严禁污水漫流。

(4)小型构件预制场内醒目位置应设置工程告示牌、施工平面布置图、安全生产牌、消防保卫牌、管理人员名单及监督电话牌、文明施工牌等明示标识。

(5)作业区、安全通道应设置禁止标志;小型构件预制场的生产区、养护区、成品区及办公区等各区域应设置明示标识。

(6)现场使用的机械设备,应在醒目位置悬挂机械操作安全规定公示牌;易发生机械伤害的场所、施工现场出入口及其他存在安全隐患的地方均应设置禁止、警示、提示标志。

(7)施工临时用电及消防安全,参照“4.2 临时用电”章节执行。

(8)预制场应每天清理,保持场内整洁卫生。

3.6　其他工地材料存放地及库房

3.6.1　原材料、半成品、成品存放

1)一般规定

(1)存放场应合理选择设置地点,尽量靠近使用地点,确保运输及卸料方便;模板、脚手架等周转材料,应选择在靠近拟建工程和方便装卸、取用、整理的地方放置;水泥、砂石料等原材料应靠近拌和站放置。

(2)各种材料应分区存放,堆放场地应进行硬化。存放场应留有足够宽度的通道,便于装运。

(3)材料存放场应做到整齐干净,无砖瓦块、各种下脚料、杂草杂物等;各种材料堆放应做到“一头齐”“一条线”,砂石成堆,设置标识牌。

(4)预制构件的堆放位置应考虑吊装顺序,力求直接装卸就位。

(5)各种材料进场均有合格证或试验单等质量证明资料；贵重物资、装备器材应存入库内。

(6)金属材料存放时应上盖下垫，平放堆垛，注意标牌的保管，避免混淆。钢筋根据进场、加工和使用的先后顺序，按型号、直径、用途分门别类叠放。堆放钢板及钢杆件时，堆放高度不得超过1m。

2)砂、石料存放

(1)用于实体工程的砂石料应按配料要求，不同粒径、不同品种分仓存放，不得混堆或交叉堆放。料场应采用不小于30cm厚的分隔墙(不低于2.5m的砖石砌体或混凝土墙体)，分隔墙下部预留泄水孔，场内地面设置排水坡度，避免积水。

(2)砂石料应按规定采用统一的材料标识牌对其质量检验状态进行标识，标识牌包括材料名称、产地、规格、数量、计量单位、拟用工程部位、进料时间、检验状态、试验报告号、检验批次等；混凝土用碎石和砂在使用前应按要求处理干净；料仓容量应满足最大单批次连续施工的需要，并留有一定空间满足运输车、装载机等机械设备的作业要求。

3)钢材存放

(1)钢筋、钢绞线、型钢等钢材应按不同钢种、等级、牌号、规格及生产厂家分类存放在仓库或防雨棚内，并挂牌标识。地面应做硬化处理，并垫高不小于30cm，严禁与潮湿地面接触，不得与酸、盐、油类等物堆放在一起。

(2)钢筋场内需设置不小于3m×12m的废料堆放区，加工过程中产生的钢筋废料统一堆放处理。

4)半成品、成品存放

(1)存放场地应通风良好，有条件宜搭设专业存储棚库。

(2)材料储存时应按使用、安装次序进行分类、分批存放，并按材料规格、计量单位、材料来源、炉号(批号)、质量状况等规定做好标识。小件(散件)材料及配件宜存放于箱、盒内分类打包，采用叉车等机械装卸和堆码。

(3)板材应存放在仓库或料棚内，不得露天存放。木材应选择干燥、平坦、坚实的场地堆放。选择堆放点应尽可能远离危险品和有明火的地方，并设置严禁烟火标识和消防设施。

(4)金属、木材及构配件等的底部应按规定垫高，并避免与酸碱等腐蚀性物质接触。木质材料或易变形材料应平放，不得挤压。

(5)易滑落的材料必须捆绑牢固，堆放有序，高度不得超过2m。

(6)支座、锚具等主要成品材料应在室内存放。

(7)防水卷材及土工材料等应避免雨淋、日晒、受潮，注意通风，远离热源。

(8)成品按不同规格分层堆码，高度应满足安全和规定要求。养护期严禁堆码存放，以防损伤。运输过程中应采取措施，防止缺边掉角。

5)周转料具的存放

周转料具的存放应随拆、随整、随保养，码放整齐。大模板存放时，应有可靠的防倾倒措施，不得靠在其他模板上或物件上。

6)装配式构件存放

(1)根据构件的使用先后和吊装顺序进行堆放,留出适当的通道,不得越堆吊运。

(2)构件堆放时应放置在垫木上,垫木位置应与吊点相对应,同时应使吊环向上,标志向外。

(3)水平分层堆放构件时,其堆垛高度应按照构件强度、地面承载力、垫木强度以及堆垛的稳定性而定。大型构件一般以两层为宜,不应超过3层,构件各层之间应用垫木隔开,且各层垫木应在同一竖直线上。

3.6.2 库房

1)一般规定

(1)库房应合理选择设置地点,位置应位于交通方便处,距各使用地点综合距离较近,遵循现行安全技术和防火规定。

(2)原则上采用砖砌房屋,库房内外部采用水泥砂浆抹面,地面采用C20混凝土硬化,具有良好的排水系统。库房应建立详细的台账制度。

(3)材料库、火工品库、油库、危险品库等危险品仓库应远离施工现场、居民区和既有设施,附近应设有明显标志及围挡设施。易燃易爆物品的仓库应设在地势低处,并在拟建工程的下风方向。

(4)油库、危险品库宜设置视频监控系统。

(5)各库房门口应设置库房标识牌,内容包括库房名称,存放物品名称、型号、数量、危险级别及仓库管理员等。

(6)氧气、乙炔等易燃易爆场所应设置禁止、明示标志,消防器材放置场所应设置提示标志。

(7)严禁在库区使用明火、吸烟。库房内消防设施应符合防火防爆要求。电力线路、电器设备应满足安全用电要求。

(8)火工品库、危险品库、油库等安置应符合现行《爆破安全规程》《民用爆炸物品安全管理条例》《化学危险品安全管理条例》等法律、法规和其他规章的有关规定;火工品、危险品等存放与消防措施,应满足相关安全生产管理部门的要求;需要经当地安全生产主管部门审批的相关事宜应及时报备审批,取得相关部门签发的许可证。

2)袋装水泥、掺和料、外加剂库房

(1)袋装水泥、掺和料、外加剂等应采用库房储存。库房内地面应进行硬化、防潮处理,水泥应架空、离墙(地)均不小于30cm。库房内应定期清理散灰。

(2)袋装水泥应按品种、标号、生产日期分别堆放,并树立标识,做到先到先用,防止混掺使用。

(3)袋装水泥应避免与石灰、石膏以及其他易于飞扬的粒状材料同存,以防混杂影响质量。袋装水泥垛高不得超过10袋,宜一车一垛。

(4)袋装水泥的储存时间不应太长,以免结块降低强度。出厂后超过3个月未用的水泥,应及时抽样检查,经化验后按重新确定的强度等级使用。

(5)水泥、外加剂均应按不同批次、不同品种、不同生产日期分开存放,根据不同的检验状态和结果采用统一的材料标识牌进行标识，注明生产厂、品种、出厂日期、进库保管日期等。存放高度不应超过1.5m；液态外加剂应分罐存放。

(6)受潮、过期的袋装水泥和掺和料，以及过期、变质的外加剂，均不得随意丢弃，应运送到指定地点集中收集处理。

3)火工品库

(1)施工现场的火工品必须储存在主管部门批准并验收合格的临建火工品仓库内。火工品应坚持先进先出的原则。

(2)库房应设有专人管理，并制订火工品验收制度、发放制度、防火制度、安全保卫制度、交接班制度、出入库检查和登记制度、废爆炸物品销毁制度等。

(3)库房应与居民区、工厂、公共建筑保持安全距离并隔离。炸药、雷管应分库设置，距离不小于30m。库内应设置自动报警装置以及监控系统。

(4)库门应为外开式且开启灵活、关闭严密；库房应具备良好的通风、防爆照明设备和防静电措施，应满足防爆、防雷、防潮、防火、防鼠、防盗等要求。

(5)库存量不得超过主管部门批准的容量。库内货架应保证牢固，距墙不小于0.1m。库内堆放的物资距墙应不小于0.3m，垫高不小于0.3m，放雷管时应铺设胶质皮垫。

(6)严禁在库房内住宿和进行有碍安全的活动，严禁把其他容易引起燃烧、爆炸的物品带入仓库；严禁无关人员进入库区(检查等确需进入的应做好登记)。

(7)库房周围不应有杂草和灌木丛，在库区所控制的外部距离内不能进行有碍库房安全的活动。储药点至库区外保护对象的安全允许距离，按保护对象的防护等级确定。

(8)工作人员住房和看守房必须设库外，看守房高度、位置应以能瞭望全库和周围情况为准。

4)危险品库

(1)氧气、乙炔瓶应分开存放，间距应不小于5m，具有良好的通风和防爆照明设备，悬挂安全标志。

(2)剧毒、放射源等危险物品存放应满足防爆、防雷、防潮、防火、防鼠、防盗等要求，且远离生活区。

(3)润滑油料应专门设库房存放。

5)油库

(1)油库应严格制订安全管理制度、用火管理制度和外来人员登记制度。

(2)油库应划分消防区域，制订明确的报警信号和消防预案，设置消防砂池，配备相应的消防工具和器材，并定期检查维护。

(3)油罐应按设计规定装油，不能混装。夏季露天装轻质油料的油罐应有降温措施，周围应采用围墙或通透式围栏进行隔离。

(4)露天存放的桶装油料，应隐蔽、遮盖，桶身应倾斜，单口朝上，双口在同一水平线上，防止雨水侵入，垛位四周应设排水沟。

(5)油罐区内禁止存放危险品、爆炸品和其他易燃物资。

(6)库区、库房应保持清洁整齐，秩序良好，做到设备无锈蚀，地面无油迹。

4　其他临时工程建设

4.1　一般规定

(1)其他临时工程主要指临时用电、用水、电信设备及施工便道、便桥。

(2)临时工程(本章系指“其他临时工程”)应与现场地形、地物和现有生活、生产设施相协调,尽量减少对现有地形地貌的破坏,充分利用现有生活、生产设施。

(3)在进行临时工程的设计和施工时,应遵守当地运输管理、公安、供电、供水、电信、环保等有关部门的要求和规定。

(4)临时工程至少在开工前 21d 报监理人审批。监理人应在收到承包人报送的临时工程和设计图纸后 7d 内完成书面审批并通知承包人;未得监理人的批准,不得开展任何相关临时工程的施工。

(5)本章未提及的,请参照本指南《安全生产》分册有关要求执行。

4.2　临时用电

(1)施工现场临时用电应符合现行《施工现场临时用电安全技术规范》(JGJ 46—2005)的规定,并尽量与营运期永久用电相结合。施工前应编制临时用电方案和临时用电施工组织设计,制订安全用电技术措施和电气防火措施,经相关部门审核批准后实施。

(2)施工现场临时用电应采用 TN-S 接地、接零保护系统,采用三相五线制(三根火线,一根工作零线,一根保护零线)和三级配电三级保护方式(总控、分控、开关,分控、开关分设漏电保护)。

(3)用电设备实行“一机一闸一漏一箱”制,不得用一个开关直接控制两台及以上的用电设备;漏电保护器符合现行国家标准《剩余电流动作保护电器的一般要求》(GB/Z 6829—2008)的规定,并与用电设备相匹配。

(4)开关箱由末级分配电箱配电,开关箱内应一机一闸,严禁一个开关直接控制两台及以上的用电设备;配电箱、开关箱应装设在干燥、通风及常温场所,并保证有足够两个人同时作业的空间,其周围不得堆放任何有碍操作、维修的物品。

(5)配电箱内多路配电应有标记,配电箱应有门锁及防雨措施,铁壳开关箱必须接地。所有配电箱、开关箱均编号配锁,标明负责人姓名、联系电话、使用部位,张贴安全警示标识牌,设专人负责管理。

(6)进入现场的电气设备、固定吊装设备、钢梁梁体等可能因雷击或外壳带电造成人身伤害的设备、设施均应设置导线接地。所有电气设备必须完整、无破损,性能良好。必须使用安装带有触电保护器的插座。触电保护器应定期检查,确保性能可靠。严禁使用铜丝、铁丝等金属代替保险丝。

(7)配电房(室)、变压器等固定电力设备均设安全防护屏障或网栅围栏,高度不低于2.5m,并应设置明显的禁止、警告标志。

(8)雨季施工应增加用电设备巡视次数,做好用电设施防雨措施。下雨时关好配电箱箱门,防止进水、受潮及发生漏电事故。雨后应对所有用电设备进行绝缘测试,合格后方可使用。

(9)临时用电其他相关要求请按本指南《安全生产》分册有关要求执行。

4.3 临时用水及电信设备

(1)承包单位应负责提供、安装和保养全部施工和生活用水设施,并保证施工用水和国家标准生活用水要求。

(2)承包单位应征得当地政府和电信部门的批准,建立临时电信系统,负担相应的修建、连接、安装和维修费用,并向有关管理部门缴纳有关电信费用。

4.4 施工便道便桥

4.4.1 一般规定

(1)施工便道、便桥的建设应满足施工要求,尽量结合地方道路规划进行专项设计,尽可能提前实施,完工后尽量留地方使用。新建便道、便桥应尽量不占用农田、少开挖山体,节约资源,保护环境。桥梁施工便道宜建在永久用地范围内。

(2)施工便道、便桥应充分利用既有道路和桥梁。避免与既有铁路线、公路平面交叉,避免对当地居民生活造成困扰。

(3)施工便道、便桥应结合施工平面布置,满足工程施工机械、材料进场的要求。

(4)施工便道分为主干线和引入线,主干线尽可能靠近合同段各主要工点,引入线以直达施工现场为原则,并考虑与相邻合同段施工便道的衔接。

(5)施工便道应畅通,旧、危桥应加固处理。

(6)便道、便桥应执行“设计—审批—制作—安装—验收—投入使用”的程序,由项目法人组织验收。设计应由项目法人进行审批后方可进行建设,未经设计或委托不具备相应资质的单位进行设计、制作的大型临时设施,不得组织验收和投入使用。

4.4.2 建设标准

根据地形条件,确定便道、便桥平纵线形及横断面宽度。

(1)便道路基宽度不小于4.5m,路面宽度不小于3.0m;原则上每100m范围内应设置一个长度不小于20m、路面宽度不小于5.5m的错车道。

(2)便道在曲线或地形复杂地段应视地形和视距情况适当加宽,并进行硬化处理。

(3)便桥结构按照实际情况专门设计,同时应满足排洪要求,人行便桥宽度不小于2.5m,人车混行便桥宽度不小于4.5m。若便桥长度超过1km,宜适当增加宽度。

(4)便道路面最低标准应采用泥结碎石或级配碎石。在条件允许的情况下,便道路面可采用隧道洞渣或矿渣铺筑。特大桥、隧道洞口、拌和站和预制场等大型作业区进出便道200m范围路面宜采用不小于20cm厚的C20混凝土硬化。

(5)施工便道应满足排水要求,便道路面应保持干净、美观、路况完好,无坑洼、无落石、无淤泥、不积水。

(6)便道经过水沟地段,应设置钢筋混凝土圆管或设置过水路面,做到排水通畅。

(7)便道两侧设置排水系统,在汇水面积较大的低凹处设置涵洞,以满足排水、泄洪要求。

(8)便桥结构应按照实际情况专门设计,一般按照公路—Ⅱ级进行设计,同时应满足排洪要求。汽车便桥桥面宽度不小于4.5m。

(9)为防止水流冲刷,宜在桥头上游回填部分钢筋片石笼。

(10)便桥高度不低于上年最高洪水位,并满足水利部门要求。桥头根据计算的承载力和宽度设置限高、限重、限速标牌,桥面设立柱间距1.5~2.0m、高1.2m的防坠落护栏,栏杆颜色标准统一,在适当位置设置醒目的警示反光标志。

(11)施工期间应指定专人(队)负责施工便道、便桥的日常管理和养护,配备必要的机械、工具和材料,及时修复路面坑槽、清理排水沟和涵洞的淤泥、杂物,保障便道、便桥畅通。

(12)每个合同段至少配备1台洒水车用于洒水养护,做到晴天不扬尘,雨天不泥泞,日常无投诉。

4.4.3　便道、便桥标识标牌

(1)对施工便道应统一进行数字编号,于便道路口处设标识牌(尺寸800mm×600mm,蓝底白字),并标明便道序号、方向(通往××)和主要工程名称等内容。编号可由高速公路(一级公路)简称首字母、合同段号及便道排序号三项组成:表示××高速公路(一级公路)第1合同段1号便道,以此类推。

(2)施工现场(站)区、办公区、生活区等拐弯处应设置转向指示标志,并设置防撞墩、防撞柱等防护措施,在便道的施工现场侧设置里程标和半公里标,在便桥桥头前进方向右侧设置便桥标识牌。

(3)施工便道、便桥应设置必要的标志标牌。便道路口应设置限速标志;与建筑物、城市道路转角、视线不良地段应设置明示标志;跨越(临近)道路施工应设置警告标志;道路危险段应设置防护及警告标牌。

(4)途经便桥,应设置限高、限速、限载、限宽标志;途经通道,应设置限宽、限高警告标志;路线明显变化处、便道平面交叉处,应设置指路和警告标志。

5 现场文明施工

5.1 一般规定

(1)现场施工必须上报现场文明施工规划与文明施工方案,并经建设单位审查合格后方可进行现场施工。

(2)为了充分展示管理人员及现场作业人员的精神风貌,各参建单位应以各单位为单元统一着装,工作服装设计应美观、大方、舒适,并符合安全施工要求。建设、监理、施工单位的安全帽应采用不同的颜色区分,并有明显标识;进入施工现场的人员须统一着装,正确佩戴安全帽和上岗证(可由建设单位统一格式),劳动保护用品应穿戴齐全,安全监察人员应佩戴袖标。

(3)现场各类机械设备停放位置应整齐合理,摆放安全。设备每天使用结束后应及时进行清理、清洗。

(4)正在使用的机械设备应在醒目位置悬挂机械操作安全规定公示牌(即安全操作规程)。易发生机械事故的场所、施工现场出入口应设置禁止和警示标志。

(5)施工现场地处村庄、集镇等区域时,应封闭施工,用彩钢板进行围挡,出入口有人员值守,并悬挂“施工重地,闲人免进”的禁止标志。施工场地狭小,行人和机械作业繁忙地段应设临时交通指挥员。

(6)在施工起重机械、拌和场、临时用电设施、出入通道口、爆破物及有害气体和液体存放处、孔洞口、基坑边缘、隧道口、脚手架、桥梁边缘、带电区、禁火区、直埋电缆等危险区域,应设置警示标志。

(7)本章未提及的,请参照本指南系列其他分册有关要求执行。

5.2 路基工程

5.2.1 基本要求

(1)路基填筑必须挂线施工,确保填筑质量。路基外观做到表面平整、排水畅通、边线顺直、边坡顺适,并应修筑边坡临时急流槽及排水沟;路基挖方应坡面平整。

(2)每层路基填筑均应设报验牌,注明桩号、层次、压实度、抽检时间、合格率、监理工程师是否同意进行下一道工序等内容。

(3)修筑挡墙、边沟所用的块、片石及砂石料应堆放整齐,严禁在已施工的路面堆放、解小及拌和砂浆。

(4)通道、涵洞工程施工占用桥头路基作为施工场地的，应参照预制场建设的有关规定，规范施工场地布置，与路基总体文明施工形象保持一致。

(5)弃方应整齐堆放在指定的弃方场地，四周应修筑必要的挡墙及排水沟。弃方边坡应按水保方案绿化(干旱少雨地区、不具备绿化条件的，可采用支挡方案)，防止水土流失。

5.2.2　施工现场要求

(1)进入施工现场的人员应佩戴安全帽和上岗证，劳动保护用品穿戴齐全，安全监察人员应佩戴袖标。

(2)现场各类机械设备应满足“施工组织设计(方案)”要求，各类证件齐全、状态良好。停放位置应合理规划，分区布置，摆放整齐。施工单位应定期对施工机械(具)设备进行检查维修、清洗保养。路基施工机械应满足下列要求。

①大型机械施工现场必须严格执行一机一人专职防护，做到“五个一”，即一机、一人(专职防护)、一本(机械施工日志)、一牌(设备标识牌)、一证(机械操作证)。每台机械都必须悬挂机械设备标识牌。

②施工现场安装、拆卸大型施工机械时，必须由具有相应资质的单位承担，施工单位负责人、安全直接负责人、安全(设备)主管工程师到场把关。转场时，应有“专项方案、专项检测、专项见证、专项放行、专项检查”，技术负责人、领工员、安全员、技术员及监理员应现场把关。大型施工机械夜间不得安排转场、移机。大型施工机械作业时现场必须有领工员、安全员、技术员、监理员等有关人员把关。

③打桩机应取得准用证，安装后验收合格且应有超高限位装置。

④机械作业人员进入施工现场作业前，应按设备操作规程进行检查。作业中严格遵守劳动纪律，严禁酒后上岗、连续疲劳作业或带病作业，应严格执行操作规程和相关安全规章制度，并做好设备使用、维护、保养记录。

⑤施工现场各类机具设备应定期检查。线缆接头必须绑扎牢固，确保防水、防电；对穿越水、泥浆等位置应架空搭设。

⑥挖掘机、装载机、吊车等机械作业范围内如有高压线、管线等，应尽可能避免机械化作业或派专人指挥监控作业。挖掘机、装载机作业时，铲斗内、臂杆、履带和机棚上严禁载人，其回转范围内严禁人、机通过。临近高压电缆以及起重机臂杆的回转半径达到施工现场范围以外的，均应按要求设置安全隔离设施。

⑦运输车辆防护与运输应符合当地的相关规定，不得人货混载，驾驶室不得超定员搭乘；自卸式汽车翻斗内严禁载人。

⑧使用提升架运送石料时，应有专人指挥和操作，严禁超负荷运行。严禁使用提升架载人。

⑨砂桩、碎石桩、粉煤灰碎石桩、预制桩等施工作业时，严禁同时进行吊装、吊锤、回转及行走等作业操作；桩机移动时，必须将桩锤落至最低位置；施打过程中，操作人员必须在桩锤安全距离外监视。

⑩现场大型施工机械施工必须做到“四严禁”，即严禁使用无制造资质企业的生产设

备;严禁使用未经专业培训的、无上岗证的操作人员;严禁现场违章施工作业;严禁机械带故障作业。

(3)基底处理应满足下列要求。

①地下管线不明时,应挖十字沟进行探测,在显著位置标出管线,加以保护。

②应及时联系相关部门,对管线、电缆、光缆等进行迁移;无法迁移的,应会同相关设备管理单位采取防护措施保护。

③应编制测量控制方案,现场基桩、基线位置正确,埋设良好,并形成记录。

④进行爆破作业前,应向所在地有关部门办理批准手续,由具备爆破资质的专业机构实施。爆破作业应根据地形、地质和施工地区环境的具体情况,采取相应的防护措施。爆破作业现场应设安全警戒防护,由专人统一指挥。在清方过程中发现有瞎炮、残药、雷管时,必须及时由爆破人员处理。

⑤宜避开雨季作业,加强现场排水,防止已处理的地基被水浸泡。

5.2.3 路基工程标识标牌

(1)施工现场应布置"六牌二图"(工程概况牌、安全生产牌、文明施工牌、消防保卫牌、环境保护牌、管理人员名单及举报电话牌、施工现场平面图和安全警示图)及各类标识牌、警示牌。

(2)路基施工现场宜采用封闭式管理,现场出入口悬挂"施工重地、闲人免进"的禁止标志。

5.2.4 文明施工

(1)宜避开雨季作业,及时完善临时排水设施,修筑边坡临时急流槽和排水沟,保证水路畅通,做到路基表面不积水,边坡不冲刷。

(2)路基施工清理与掘除的地表土物应运至指定弃土场堆放,不得随意堆弃。

(3)各类注浆作业均应加强地面观测,注意环境保护,及时清理浆液污染物。

(4)路基挖方施工时,截水沟与路基挖方开口线之间的原地表植被不许破坏,最大限度地保护自然环境。路基填方施工时,应做好"五度"(填层厚度、压实度、横坡度、平整度、宽度)的控制,确保路基质量和排水顺畅。

(5)取土场的位置应根据各地段取土用途、数量、施工方法、路基排水,并结合当地地形、土质情况及节约用地、环境保护等要求,进行统一规划;取土后的裸露面应按设计要求采取整治或防护措施。

(6)弃土场的位置与高度应保证山体和自身稳定,不得影响附近建筑物、农田、水利、河道、交通和环境等;必要时应加设支挡、防护措施或其他措施。

5.2.5 其他注意事项

(1)施工作业人员数量应满足"施工组织设计(方案)"要求。特种作业人员应持证上岗。

(2)施工用水、用电临时设施必须合理规划,管路、电力线、通信线等各类管、线应布置整齐美观。

(3)对于现场液态、固态等各类废弃物应按照规定进行处理,不得排放于生活用水水源附近,禁止擅自掩埋或焚烧。

(4)施工现场应配备洒水设施,对施工道路或路基进行经常性维护,做到晴天"不扬尘"、雨天"不泥泞"。

(5)路基填筑施工应满足下列要求。

①滑坡、崩塌、高陡边坡等高风险路基作业应编制专项安全施工方案,安全措施应满足设计要求,经有关单位审批同意后方可施工。施工过程中应设置明显的禁止、警告标志。

②路基开挖作业应自上而下进行,严禁掏底开挖,避免因开挖不当造成堑坡塌滑等现象。开挖应与装运作业相互错开进行,严禁双层作业。松动的土、石块应及时清除,弃土下方和滚石危及范围内的道路应设警示标志。作业时下方严禁通行。

(6)路基相关工程施工应满足下列要求。

①加强各工序间的衔接,各类沟槽基坑开挖后宜尽快封闭,严禁雨水浸泡。

②路基上的电缆槽、声屏障基础、预埋管线、综合接地等宜与路基同步施工,不得因其施工而损坏、危及路基的稳固与安全。

③相关工程及附属设施施工时,应防止路基污染,做好成品保护。

5.3　路面工程

5.3.1　基本要求

(1)路面施工单位进场后,建设单位、监理单位应督促路基施工单位及时与路面施工单位进行路基交验。路基施工单位在自检合格的基础上,及时将复测结果上报监理单位,监理单位复核无误后,组织路基、路面施工单位进行路基交验工作。

(2)拌和场地的面积应根据项目工程量、拌和设备的型号、施工工期、材料供应速度等计算确定,并不低于本指南对拌和场地的面积要求。不同规格砂石材料应严格分档、隔离堆放,料仓须设防雨棚。

(3)路面施工现场采用封闭管理。应对面层路口进行统一规划,减少路口数量,在每个路口必须设置路卡,并设专人负责,严格控制施工车辆的通行,防止社会车辆进入施工现场。

(4)正常路段的底基层、基层每天应连续施工,尽量减少施工接缝,桥头施工要求一次成型。每一段碾压完成后应立即进行质量检查并开始养生。半刚性基层(底基层)养生期不应少于7d。越冬前不能施工沥青层时,应采取有效的防冻措施,以防雪水渗入产生冻害。

(5)路面底基层、基层、面层等各层施工时,应在现场设置移动式公示牌,公示工艺流程和质量控制、安全生产注意事项等。

(6)在桥面防水层施工前必须对桥面进行严格的处理,其处理方法主要有抛丸和打磨两种,推荐使用抛丸处理,并作防水处理。

(7)提倡"零污染"施工,避免交叉施工污染路面;喷洒透层、黏层和封层前,应对路缘石和防撞护栏采取覆盖防污染措施。

(8)路面面层施工完成,应等路面温度下降至50℃后方可开放交通,改性沥青路面要求施工2~3d后才能开放交通。

5.3.2 施工现场要求

(1)进入施工现场的电工、焊工等特殊工种作业人员,均必须持证上岗;严禁施工人员赤膊、穿拖鞋进入施工现场。严格按技术规范、安全生产要求施工,杜绝违章施工、野蛮施工,以防事故发生。

(2)大型机械施工现场必须严格执行一机一人专职防护,做到"五个一",即一机、一人(专职防护)、一本(机械施工日志)、一牌(设备标识牌)、一证(机械操作证)。每台机械都必须悬挂机械设备标识牌。

(3)认真处理与沿线群众的关系,加强与群众的沟通,相互理解,相互尊重,和睦相处。应处理好机电、房建、绿化、交通安全设施、防护工程等交叉施工项目与路面工程的关系,减少路面污染。

(4)施工时,应合理安排施工顺序和计划,同一路段左右幅施工应尽量错开,避免养生期间无法通车现象的发生。养生完成的路段也应对施工车辆的通行进行控制。

(5)严格掌握沥青和集料的加热温度以及沥青混合料的出厂温度。每天开始先应提高加热温度,并干拌几锅混合料废弃,之后再正式拌和沥青混合料。拌和时集料温度应比沥青温度高10~30℃,热混合料成品在储料仓储存后,其温度下降不应超过10℃,沥青混合料的施工温度应首先通过试验确定;无法试验确定时,宜采取规范推荐值。

(6)应采取在摊铺机螺旋布料器前挡板下部加设柔性挡板封挡;运料车增加尾侧挡板,并多级顶升卸料;摊铺机喂料斗翼板慢速合拢等措施,以有效减少离析,确保摊铺均匀性。

(7)摊铺机应调整到最佳工作状态,调好螺旋布料器两端的自动料位器,并使料门开度、链板送料器的速度和螺旋布料器的转速相匹配。螺旋布料器内混合料表面应高于螺旋布料器2/3以上,使熨平板挡板前混合料的高度在全宽范围内保持一致,避免摊铺层出现离析现象。

(8)为避免碾压时混合料推挤产生拥包,碾压时应将驱动轮朝向摊铺机,从外侧向中心碾压,在超高路段则由低向高碾压,在坡道上应将驱动轮从低处向高处碾压。碾压路线及方向不应突然改变;压路机启动、停止必须减速缓行,不准制动。压路机折回不应处在同一横断面上。

5.3.3 路面工程标识标牌

(1)施工现场应在醒目位置布置统一制作的"六牌二图"及各类标识牌、警示牌。并对主要施工点、道路交叉口,根据实际情况设置必要指路牌、限速牌等标志牌。

(2)路面施工现场宜采用封闭式管理。现场出入口悬挂"施工重地,闲人免进"的禁止标志。

5.3.4 文明施工

(1)路面各结构层施工应合理安排工序,尽可能减少废气、废渣、废水对环境造成污染。

(2)科学安排附属工程与路面工程的交叉施工顺序,推行沥青面层“零污染”施工理念,不应在已铺设的沥青面层上拌和砂浆、直接堆放建筑材料、倾倒泥土、修理机械设备等。

(3)施工废料、整形翻挖弃料、中央分隔带换填料及路肩废弃料均应及时清运至指定场地集中处理。

(4)沥青路面施工出入主线道口应设立洗车点,减少进场车辆对路面的污染。运输车辆应有效覆盖。

(5)沥青路面碾压作业段的起始点应有标识牌,碾压区域应用专门的指示牌注明初压区、复压区、终压区。

(6)保持道路通畅,避免占道、阻车等现象发生。

5.4 桥梁工程

5.4.1 基本要求

(1)桥梁基础及下部施工场地,应按本册中的大型构件预制场的要求,做到基础及下部施工场地平整,排水顺畅。陆上和水上施工均应设置陆上和船上专用沉淀池、泥浆池,不得随意排放泥浆,排污工作应规范到位。

(2)施工场地内的水泥袋、钢筋头等杂物应及时清理,确保施工场地清洁、整齐。做到一天一清理,并有专门的地点分类存放。

(3)桥梁构件等外露钢筋均必须采用塑料薄膜等包裹,防止钢筋锈蚀;桥梁护栏钢扶手应及时进行刷漆防锈。

(4)立柱、盖梁、梁板上应标注构件编号、制作时间、养生周期,梁板还应注明张拉时间和封头施工时间和养生周期。立柱、盖梁脱模后应采取塑料薄膜紧密包覆等养生措施,梁板养生期内应定期洒水、覆盖等,宜采用自动喷淋养生等先进养生方法,确保梁板质量。

5.4.2 施工现场要求

(1)施工作业人员数量应满足施工组织设计或方案要求。特种作业人员应持证上岗。进入施工现场的人员应佩戴安全帽和上岗证,劳动保护用品应穿戴齐全。安全监察人员应佩戴袖标(牌)。

(2)现场各类机械设备应满足施工组织设计或方案要求,质量证明文件齐全、状态良好。现场各类机械设备停放位置应合理规划,分区布置,摆放整齐。设备安全可靠,运转正常,严禁带病作业。施工单位应定期对施工机械(具)设备进行检查维修、清洗保养。施工机械应满足下列要求。

①钻孔施工设备停放地点应平整、夯实,避开高压线。

②搅拌机应安装平稳,有接地接零保护;检修搅拌机人员进入搅拌筒前,应先切断电

源,锁好开关箱,专人监护;料斗拌和中料斗升起时,料斗下应无人工作和行走;清理上料坑时,料斗采用链条挂扣等牢固措施;料斗保险挂钩应使用正常;传动部位必须有防护罩,作业平台应稳固。

③起重机械的使用应符合现行《起重机械安全规程》(GB 6067)的规定,起重作业应做到“十不准”,即无特种作业操作证不准操作;身体不适不准操作;操作时不准闲聊和打瞌睡;无关人员不准随便进入驾驶室;吊钩不准过人头;作业时不准上车下车;吊物时不准长时间悬空;安全装置不准当开关使用;三个动作不准同时开动;工作时间不准调整机器。

④各种气瓶应有标准色,气瓶间距不小于5m,距明火不小于10m且采取隔离措施。气瓶使用或存放应符合相关要求,应有防震圈和防护帽。

(3)钻孔桩口、钢管桩口、预留口、坑槽口、操作平台空口等均应设置防护措施。

(4)特殊结构模板工程应由具备相应资质的设计单位进行专门设计,施工方案经相关部门审批,现浇混凝土模板的支撑系统应经设计计算。

5.4.3 桥梁工程标识标牌

(1)施工现场应在醒目位置布置统一制作的“六牌二图”及各类标识牌、警示牌,已完工墩台在统一高度喷绘墩台号。

(2)桥涵施工现场宜采用封闭式管理。在现场出入口悬挂“施工重地,闲人免进”的禁止标志。

5.4.4 文明施工

(1)钻孔桩施工时,钻孔需设工程标识牌,标明所施工桥名、墩台及桩位编号、护筒顶高程、设计桩长、桩径及桩底高程等。

(2)钻孔桩施工应设置泥浆循环系统,防止泥浆外溢污染环境;沉淀池和泥浆池应分开设置,并设置防护栏和安全警示标志。

(3)水上桩基施工时,利用相邻桩护筒作为循环池,多余的泥浆排放至泥浆船,远运排放,或用罐车抽取后排放,排放应满足环保要求,不得污染水源。

(4)挖孔桩施工孔口处设高于地面不小于30cm的护圈,孔口四周1.0m范围内用砂浆硬化;孔口不得堆集土渣、机具及杂物;孔口四周应搭设防护围栏和安全警示标志。停止作业时,孔口应设置钢筋防护网,网格间距不得大于20cm。

(5)基坑防护设置双横杆钢管防护栏,栏杆柱打入地面深度不少于50cm,防护栏埋设距基坑边缘不能小于50cm,立柱间距不大于3m;当基坑周边采用板桩时,钢管可打在板桩外侧。防护栏应挂设安全警示标志。

(6)现浇、悬浇箱梁以及预制梁板桥面应及时封闭,设置防护网。临时存放的施工材料应整齐,不能集中堆放。定期对桥面进行清扫,保证桥面整洁、干净。

(7)跨公路(铁路)桥梁施工封闭、防护应有专项方案。施工期间应设置防护棚架、防护网以及桥下限高架、防撞设施、减速信号标志等。

(8)施工现场,水、电、灯等临时设施必须合理规划,管路、电力线、通信线等各种管、线、路布置整齐美观。

5.5 隧道工程

5.5.1 基本要求

(1)隧道开工前应绘制施工场地总体布置图,合理规划施工场地布置。施工场地布置应结合工程规模、工期、地形特点、弃渣场和水源等情况,本着因地制宜、充分利用地形、合理布置、统筹安排的原则进行。

(2)施工单位在隧道施工点搭建的临时生活、办公用房采用活动板房或用砖砌的房屋时,必须搭设稳固,室内外地面宜采用5cm厚的C20混凝土进行硬化。生产用房、生活及办公用房应分开建设。

(3)临时驻地设施应做好场、房内的安全用电和防火工作,必须按有关规定配备消防器材,做好防台风各项准备工作。

(4)隧道施工洞外场地的建设与管理,应参照本指南中预制场地建设管理标准执行。洞口施工场地布设应安全、规则、平整,排水良好。洞口处应设置进洞作业人员动态牌和施工作业告示牌(正在掘进、爆破、出渣等),告示进洞施工人员和作业动态情况。

(5)隧道内通风、排水设备、设施完善。施工应严格落实各环节施工工艺及各项安全管理制度,做到钻孔、爆破、出渣、支护各工序有机衔接及有序进行;电线、通风管、混合料输送管等应整齐设置在隧道两侧;洞内两侧设临时排水沟,临时路面保持平整、不积水、不扬尘。拱部及侧墙渗漏水应及时排、堵。

(6)现场布置。

施工现场布置应靠近隧道洞口,便道、料场、搅拌站等位置应结合场地、隧道工作量、进口数量综合考虑,洞内水电管路应分开布置。

①拌和站。

A. 按照“四个集中”的要求,隧道施工用混凝土应由拌和站集中供应。

B. 隧道初期支护喷射混凝土可由拌和站集中供应,也可在隧道洞口建设专门用于喷射混凝土施工的小型拌和站,但须采用具有两仓自动计量的搅拌设备,并配备散装水泥罐,采用散装水泥拌和施工。

②弃渣场。

A. 隧道弃渣必须运至确定的弃渣场弃置,不得随意乱弃。

B. 隧道施工前应详细调查,和业主及当地政府配合,选择出渣运输方便、距离短的场所作为弃渣场,场地容量应可容纳隧道弃渣量。

C. 弃渣场选址不得占用其他工程场地和影响附近各种设施的安全;不得影响附近的农田水利设施,不占或少占农田;不得堵塞河道、河谷,防止抬高水位和恶化水流条件;不得挤压桥梁墩台及其他建筑物。

D. 弃渣场应按设计要求进行防护。当设计要求不能满足实际需要或设计无具体要求时，应对弃渣场的防护进行设计并报监理工程师批复，以确保边坡的稳定，防止水土流失及泥石流、滑坡等危害。

5.5.2 施工现场要求

(1)施工前的准备工作。

①对于长大隧道和地质复杂的隧道(如不良地质隧道、高瓦斯隧道、水底隧道等)，施工单位应组织专家编制、论证、审查专项施工方案，并附安全验算结果，经施工单位技术负责人、监理工程师审查同意签字后实施，由专职安全生产管理人员进行现场监督。

②施工单位应成立监控量测小组，制订施工全过程监控量测计划，配备合格的人员及设备。对于长大隧道和地质复杂的隧道，应配备专业人员实施监控量测。

(2)作业人员进入施工现场必须有工班长带领。现场管理人员和作业人员的安全帽应区分。

(3)隧道施工应进行危险源辨识和安全风险评估，制订有针对性的专项施工方案，编制应急救援预案，配备报警、救援、逃生等设施和充足的应急救援物资。施工前应组织人员对预案进行演练。

(4)炸药库的设置。

①炸药库应远离人群集中之地而设，并经主管部门批准，办理相关手续，距离洞口不小于500m。

②根据施工进度计划安排及月循环进尺核定炸药库库容量。

③雷管库和炸药库必须分开建造，两者距离不得小于30m，库房四周进行全封闭。

(5)隧道施工应制订超前地质预报实施指南，配备超前地质预报设备，按有关规定和设计要求认真实施超前地质预报，以预报成果指导施工。

(6)洞内不得存放汽油、煤油等物品。工程采用钻爆法施工时，炸药、雷管等易燃易爆物品应随用随进，不得隔夜存放。

(7)施工供风、供水、供电。

①施工供风。

A. 压风站应在洞口旁边选址修建，并宜靠近变电站，应有防水、降温、保温和防雷击设施。

B. 压风站供风能力须满足隧道正常施工需要，供风管路布置应尽量避免压力损失，保证工作面使用风压不小于0.5MPa，并配备一定数量的内燃压风机满足隧道前期施工需要。

C. 供风管道前端至开挖面距离不应大于20m。

②施工供水。

A. 寻找水源，按施工需要的供水压力(水压不小于0.3MPa)合理选址修建高位水池，安装上、下水管路。

B. 供水水池位置不宜设在隧道的顶部，供水管路铺设宜避开交通繁忙地区和地质不良地段，管路铺设不宜采用高架的形式。

C. 对于修建高位水池困难的隧道，宜采用变频高压供水装置满足施工需要。

D. 管道前端至开挖面的距离一般不超过20m。

③施工临时供电。

A. 施工单位向业主申请用电应包括以下内容：临时用电负荷的计算；临时用电线路的平面布置图；临时用电的安全使用方案；临时用电的安全组织机构。

B. 变电站宜设在洞口附近，并应靠近负荷集中地点和设在电源来线一侧。

C. 供电、照明线路布置应符合有关规范规定，根据施工需要计算变压器容量、台数。当隧道附近有高压线路通过时，应和当地电力部门协商确定高压电梯连接位置。

D. 对于短隧道应采用高压至洞口，再低压进洞；长、特长隧道施工应考虑高中压进洞，以满足施工需要。

E. 隧道照明，在成洞地段和不作业地段采用220V，瓦斯地段不得超过110V，作业地段一般不大于36V，动力设备采用三相380V。漏水地段应采用防水灯头和灯罩。在有瓦斯的隧道内，供电照明及其他电气设备必须是防爆性设施。

F. 动力线、照明线安全可靠，不侵限、不漏电。

(8)现场机械设备应满足下列要求：

①各类进洞车辆应处于完好状态，制动有效，严禁人料混装。车辆行驶中严禁超车，在洞口、平交洞口及施工狭窄地段应设置缓行标志，必要时应设专人指挥交通。

②车辆在装卸隧道碎渣时应制动停稳，在洞内倒车与转向时，应开灯鸣号或有专人指挥。

③隧道内施工设备应靠边停放，远离爆破点；停放点处岩石完整性好、无渗水；支护或衬砌作业地段停放设备处应灯光明亮。停放点前后应架设红色警示灯显示限界。

(9)洞口施工应满足下列要求：

①施工准备阶段应完成临时施工便道、供电线路、供水管道的铺设。

②洞口场地开挖完成后，应安装和修建隧道供风、供水、供电、混凝土生产、钢构件加工等设备与设施；砌筑洞顶截、排水沟，进行洞顶地表加固。

③洞口的排水系统宜在施工期的雨季之前完成。

④隧道的排水应与路基排水系统合理连接，不得冲刷路基坡面、桥涵锥体护坡、农田房舍。

⑤隧道起拱线以上的端墙施工时应设安全网，防止人员、工具和材料坠落。

⑥进洞坡道顶与隧道口之间需有一定的安全距离，保证车辆进出安全，最小安全距离不得小于5m。

⑦洞门附属工程完工后，及时对洞口进行绿化。

(10)洞内施工应满足下列要求：

①洞身作业面及时做好铺底、排水，确保洞内干燥、无积水。

②洞内运输道路平顺、整洁，排水设施良好，并有人定期维护。各种机械车辆、人员能顺利到达作业面。

③“三管二线”安全可靠，布局合理，顺直成线，做到“四不”，场地平整。

④隧道内的台架、工作平台应搭设牢固，留足施工净空。平台上满铺底板，周边应设置

栏杆。跳板、梯子应安装牢固并防滑，人、料不得超过承载能力，作业时应设明显的限界及缓行、警示、承载等标志，并宜派专人防护。

⑤现场各类通风管路应敷设平顺，接头严密，无扭曲、褶皱、漏风，并有专人负责检查、养护，破损时及时修复。

⑥隧道施工应采取综合防尘防毒措施，定期检查粉尘及有害气体浓度，并应保证隧道作业环境空气中含有的有害气体、瓦斯、粉尘等的浓度不超标。

(11)辅助坑道施工应满足下列要求：

①斜井、竖井及隧道其他辅助坑道入口的选择应考虑防洪要求。

②斜井、竖井及隧道施工主要设备(主通风机、竖井提升人员的绞车等)，应设置两路电源供电。

③井口、井下及卷扬机房间应有联络信号，提升、下放与停留应有明确的色灯或音响等信号规定。

5.5.3 隧道工程标识标牌

(1)施工单位应在施工过程中保证施工场地规范、整洁，应在显著位置悬挂安全文明生产、质量管理、廉政建设等标牌标语。

①工程简介牌：对工程的主要结构、地质情况、施工方案、分阶段的工期计划作简要介绍。

②安全质量保证牌：明确对该项工程的安全质量的保证措施。

③施工场地布置牌：采用电脑绘制，对施工现场的布置采用图示方式表达，注明位置、面积及功能。

④创优规划标识牌：主要明确该工程的创优目标及创优措施。

⑤安全生产操作规程牌：主要明确施工各工序的安全生产操作规程。

⑥廉政监督牌：主要明确施工廉政制度、廉政领导小组、廉政监督小组和廉政监督电话等。

⑦工程质量责任人标识牌：明确建设单位、设计单位、监理单位、施工单位的负责人及施工单位的项目总工、质检工程师、单位工程负责人、质检员，现场监理工程师、监理员。

⑧施工进度牌：主要反映隧道掘进、初期支护、铺底、二次衬砌施工进度。

⑨进洞人员动态告示牌：作业人员必须人手一张卡片，进洞放牌，出洞翻牌。

⑩各种标识牌按矩形定制，宜采用蓝底白字。

⑪现场机械设备布置有序，必要时应悬挂安全操作规程。

⑫现场各种防火、防高空坠落、安全帽等安全标识牌按照国家有关规定统一制作，悬挂于工地醒目位置。

(2)隧道口应设置值班室，设立人员进洞登记制度，并有专人负责，长大隧道宜配置电子安全监控系统。应在洞口醒目位置设置禁止、指令标志。

(3)成品保护。

①已完工衬砌段落应及时挂牌标明里程桩号，标志牌按 20cm×10cm 制作，白底红字，

同时加强对成品的保护。

②对二衬施工环接缝进行处理，采用弧度尺画线，切割机切缝，缝深约2cm，不整齐处进行局部修凿或经砂轮机打磨后，用高强度等级水泥砂浆修饰，用钢镘刀抹平，使施工缝圆顺整齐。

③监控量测各预埋测点设置专用标识牌，标明测点的名称、部位、编号、埋设日期等；应加强教育，提高所有进洞人员保护意识，对测点进行妥善保护，不得任意撤换和破坏。

5.5.4　文明施工

(1)洞口场地布置应编制专项规划方案，上报监理工程师审批。方案应结合工程规模、工期、地形特点、弃渣场和水源等情况，本着因地制宜、合理布局、统筹兼顾的原则编制。

(2)隧道洞口场地应进行硬化处理，洞口空压机、料场、材料加工区、机械设备摆放区应设置合理。洞门附属工程完工后，及时对洞口进行绿化。

(3)洞口应设置值班室，并有专人负责，设立人员、设备进洞登记制度；长大隧道宜配置门禁系统及电子安全监控系统。

(4)隧道施工照明电线敷设应整齐划一，和动力线路安装在同一侧时，应分层架设。在成洞段15~20m设一个固定灯，近掌子面40m内若无敷线应配备移动式照明灯具，保证洞内照明充足。隧道衬砌台车等设备处应架设红色警示等显示限界。

(5)隧道洞内配备移动式沟槽辅料车，收集临时不用的辅料，保持洞内清洁。

5.5.5　其他注意事项

(1)隧道施工应制订监控量测实施指南，安排专业测量人员认真实施监控量测。隧道内监控量测布点应规范，标识清晰；里程、高程等常用工程数据宜用红色油漆标注。

(2)隧道施工应对进(出)洞施工、不良地质、可能突泥涌水、瓦斯和支护侵限、衬砌厚度不足等地段制订专项施工方案，并按规定组织审查和审批。

(3)隧道开挖必须按规定进行支护、衬砌等，洞内必须有专职安全员巡视、负责安全。

(4)隧道各洞、井口施工区，洞内机电室、料库、皮带运输机等处应设置必要的消防器材，并设明显标志，定期进行检查、补充和更换。

(5)隧道弃渣的处理应符合下列规定。

①工程施工前应就弃渣场向当地环保部门办理许可手续，在取得许可证后再开始弃渣。

②隧道弃渣“先挡后弃”，按照设计要求设置弃渣场。在弃渣场坡脚设挡墙，挡墙埋入地面以下不小于1m，确保强度。

③在弃渣场顶外缘设环形截水沟，弃渣场顶的排水坡符合设计要求，保证排水畅通，防止雨水冲走弃渣，堵塞河道。

④做好施工弃渣的处理措施，严格按照批准的弃渣规划场地，合理有序地堆放和利用弃渣，严禁随意堆放，避免出现影响河道泄洪能力、其他标段施工和下游居民生活等问题。

⑤弃渣符合环保规定，施工过程中保护渣场四周的植被，工程竣工后对渣场进行平整、覆盖耕土层，喷播植草并植树，有条件的予以复耕，以保护生态环境，防止水土流失。

⑥弃渣的位置与高度应保证山体和自身稳定,不得影响附近建筑物、农田、水利设施、河道、交通和环境等。不能满足时应加设挡护或采取其他措施。弃渣堆放处应设置明示标志。

(6)施工机械设备产生的废水、废油及生活污水不得直接排入河流、湖泊或其他水域中,也不得排入饮用水源附近的土地中。

5.6　房建、交通安全设施及机电工程

房建、交通安全设施及机电工程等现场施工应满足如下基本要求。

5.6.1　房建工程施工现场

(1)驻地建设应统一规划,合理布置,施工、办公、生活区域分开,并应采用混凝土等硬化处理。

(2)施工现场封闭管理。应提前埋设隔离栅,砌筑围墙,围墙外设置边沟。

(3)进出高等级公路的施工便道必须全部用混凝土硬化,并设轮胎冲洗设备。

(4)基础开挖土方应整齐堆放。施工现场的建筑材料必须分区规划存放。

(5)应提前安排服务区管道开挖、埋设和服务区浇筑等。

(6)规范用地、消防及安全防护管理。

(7)施工现场应整洁有序。建筑和生活垃圾应合理处理,禁止随处埋置。

5.6.2　环保绿化工程施工现场

(1)苗木和机械设备禁止在路面上随处存放。

(2)种植土换填应在路面面层施工前完成,否则必须采取路面防污措施。

(3)绿化施工宜结合路基工程及时开展,特别是边坡防护。

(4)绿化种植完成应及时清理覆盖物、包裹物等垃圾,不得随意乱弃。

5.6.3　交通安全设施施工现场

(1)交通标志基础开挖不得扰动基坑四周的土石方,开挖的土石方不得乱弃,注意保护边坡防护成品;开挖后应及时浇筑,并做好恢复工程;标志基础不得侵占边沟。

(2)护栏立柱、防撞护栏应在路面面层摊铺前完成。

(3)隔离栅立柱混凝土应集中预制,机械运至施工地点。

(4)路面标志施工严禁污染路面。

(5)交通安全设施材料不得占用路面。

5.6.4　机电工程施工现场

(1)进行光、电缆开挖时,土石方不得直接堆放在路面上,必须下铺苫布。

(2)应做好边坡恢复工作,土石方不得随意乱弃。

(3)当在路面上施工时,材料必须整齐摆放,同时采取路面防污措施,并在作业区两端设置安全警告、警示标志。

附录 A

主要标识标牌规格及要求

驻地标识标牌　　附表 A-1

标识名称	尺寸(cm)	材　质	颜色、字体	标识内容	设置位置
项目公示牌	200×150	铝牌、钢立柱遮阳棚	蓝底白字	工程名称、工程范围、建设单位、设计单位、质量安全监督单位、监理单位、承包人、项目经理、技术负责人、安全负责人等	驻地大门
项目名称牌	400×200	大理石	金底红字	项目名称及单位名称	驻地大门
办公室门牌	20×10	铜牌	金底黑字	—	办公室门墙
宿舍门牌	18×10	铜牌	金底黑字	—	宿舍门墙
管理制度牌	80×60	双层玻璃板	蓝底白字	底部有单位名称	办公室、会议室
岗位责任牌	80×60	双层玻璃板	蓝底白字	底部有单位名称	办公室、会议室
部室职责牌	80×60	双层 PVC 板	蓝底白字	底部有单位名称	办公室
安全生产操作规程牌	80×60	PVC 板塑料框	白底彩图	施工各工序的安全生产操作规程及有关安全注意事项	办公室
廉政监督牌	200×150	双层 PVC 板	蓝底白字	廉政制度、领导小组、监督小组及监督电话	会议室或驻地院内
工程简介牌	200×150	双层 PVC 板	蓝底白字	—	会议室或驻地院内
安全保障体系	80×60	双层 PVC 板	蓝底白字	—	会议室
质量保证体系	80×60	双层 PVC 板	蓝底白字	—	会议室
施工组织体系	80×60	双层 PVC 板	蓝底白字	—	会议室
组织机构图	80×60	双层 PVC 板	蓝底白字	—	会议室
文明施工牌	200×150	PVC 板塑料框	蓝底白字	—	会议室或驻地院内
消防保卫牌	200×150	PVC 板塑料框	蓝底白字	底部标有火警电话 119	会议室或驻地院内
项目平面图	400×150	PVC 板塑料框	白底彩图	—	会议室或驻地院内
宣传栏	200×150	PVC 板塑料框	蓝底白字	安全生产、文明施工、质量管理、廉政建设	驻地院内

场站及现场文明施工标识标牌 附表 A-2

标识名称	尺寸(cm)	材质	颜色、字体	标识内容	设置位置
项目公示牌	200×150	铝牌、钢立柱遮阳棚	蓝底白字	工程名称、工程范围、建设单位、设计单位、质量安全监督单位、监理单位、承包人、项目经理、技术负责人、安全负责人等	场站入口
平面布置图	200×150	铁皮	蓝底白字	位置、面积、功能	场站入口
门架	600×450	钢架结构	蓝底白字	单位名称、合同段	场站入口
各场站简介牌	200×150	铁皮	蓝底白字	场站工作量、供应主要构造情况及质量、安全保障体系等	场站入口
配合比公示牌	200×150	铁皮	蓝底白字	配合比、技术负责人、试验负责人、监理负责人、拌和站负责人等	拌和楼旁
安全操作公示牌	200×120	铁皮	蓝底白字	各机械设备操作要求	机械设备旁
材料标识牌	80×60	铁皮	蓝底白字	名称、产地、规格、型号、检验状态、使用部位等	材料堆放处
设备标识牌	80×60	铁皮	蓝底白字	设备名称、编号、规格型号、操作人员、负责人、状态等	设备存放处
工艺流程图	80×60	铁皮	蓝底白字	预制、张拉、压浆工艺等流程	相应操作处
钢筋大样图	60×50	铁皮	蓝底白字	尺寸、型号、使用部位等	钢筋(半)成品旁
消防保卫牌	200×150	铁皮	蓝底白字	底部标有火警电话 119	场内醒目位置
危险源分布图	200×150	铁皮	蓝底白字	—	场内醒目位置
梁板标识	60×40	喷涂	红字	桥梁名称、编号、浇筑、张拉及压浆日期	预制梁场
值班人员公示牌	80×60	铁皮	蓝底白字	值班人、值班内容、时间等	场内
路基作业牌	30×60	铁皮	绿底白字	填筑、平整、压实、检验等区	路基作业点
路面作业牌	30×60	铁皮	绿底白字	初压、复压、终压、检验等区	路面作业点
构造物公示牌	200×150	铁皮	白底红字	工程名称、结构形式、施工负责人、技术负责人、现场监理、举报电话	构造物旁
安全警告警示牌	40×30	铝板	—	—	各作业点

附录 B

公路现场安全文明标志

B.1　总体说明

B.1.1　编制目的

为加强内蒙古自治区高等级公路工地建设，规范安全生产、文明施工标志的制作、安装和设置。

B.1.2　适用范围

适用于内蒙古自治区高等级公路建设项目。

B.1.3　引用标准

(1)《图形符号　术语》 GB/T 15565—2008。

(2)《图形符号　安全色和安全标志》 GB/T 2893。

(3)《安全标志及其使用导则》 GB/T 2894—2008。

(4)《标志用公共信息图形符号　第 1 部分:通用符号》 GB/T 10001.1—2012。

(5)《消防安全标志》 GB 13495. 1—2015。

(6)《消防安全标志设置要求》 GB 15630—1995。

(7)《工作场所职业病危害警示标识》 GB Z185—2003。

(8)《道路交通标志和标线》 GB 5768—2009。

B.1.4　类型

(1)禁止标志:禁止人们不安全行为的图形标志。

(2)警告标志:提醒人们对周围环境引起注意,以避免可能发生危险的图形标志。

(3)指令标志:强制人们必须做出某种动作或采用防范措施的图形标志。

(4)指示标志:向人们提供某种信息(如标明安全设施或场所等)的图形标志。

(5)明示标志:上述四种标志中不能包括但现场需明示相关信息的图形标志。

B.1.5　材料

标志采用坚固耐用的材料制作,根据具体情况选用铝合金板、薄钢板、合成树脂类板材等。有触电危险的场所使用绝缘材料。材料表面无毛刺、孔洞等影响使用的瑕疵。边缘和尖角适当倒棱,呈圆滑状,带有毛边处打磨光滑。

B.1.6　形状与尺寸

标志牌形状分别为矩形和圆形。

矩形标志牌尺寸(长×宽)一般为 300mm×400mm、400mm×300mm、600mm×800mm、800mm×600mm、1 500mm×1 000mm、1 500mm×2 000mm、2 000mm×1 500mm、2 500mm × 2 000mm，圆形标志牌的直径一般为 300mm 和 500mm。在特殊情况下，可根据现场实际确定标志牌尺寸，但不得影响明示效果。

B.1.7　颜色与字体

禁止标志、警告标志、指令标志、提示标志颜色参照现行《图形符号　安全色和安全标志》的基本规定执行，明示标志颜色参照现行《图形符号　安全色和安全标志》执行。

标志标牌中的文字应采用蒙汉双语对照，字体均采用黑体。

B.1.8　构造与安装

标志一般由底板、支撑件、基础等组成，各部分组成应连接可靠。

支撑件具有一定的强度和刚度，并考虑美观要求，选用槽钢、角钢、工字钢等材料。标志安装稳固，满足抗风、抗拔、抗撞等要求。

不需要使用支撑杆件的标志，直接悬挂、粘贴于附着物上。

B.1.9　设置位置

标志的设置位置合理、醒目，能引起观察者的注意，使其迅速判读，有必要的反应时间或操作距离。

设置的安全文明标志，应使大多数观察者的观察角接近 90°。

标志不得设在门、窗、架等可移动物体上。标志前不得放置妨碍认读的障碍物。

当采用悬挂方式安装时，在防护栏上的悬挂高度为 800mm；当采用粘贴方式时，粘贴在表面平整的硬质底板或墙面上，粘贴高度宜为 1 600mm；当采用竖立方式安装时，支撑件应牢固可靠，标志距离地面高度为 800mm。高度均指标识牌下缘距地面的垂直距离。当不能满足上述要求时，视现场情况确定。

B.1.10　检查与维修

经常检查标志的状态，保持清洁醒目、完整无损失。如发现有破损、变形、褪色等不符合情况要求时，及时修整或更换。

B.1.11　其他

便桥、便道的相关标志视现场实际情况，按现行《道路交通标志和标线》(GB 5768—2009)的规定执行。

标志的其他制作、安装和设置，应符合国家和交通运输部有关强制性标准的规定。本附录图表中所标的尺寸单位均为 mm。

B.2　制作、安装和设置要求

B.2.1　禁止标志（附表 B-1）

主要禁止标志制作、安装和设置要求　　附表 B-1

编　　号	图　　形	制 作 要 求	安 装 要 求	设置范围和部位
路禁 1		尺寸 300mm×400mm	悬挂或粘贴	具有明火设备或高温的工作场所，如各种焊接、切割等动火场所
路禁 2		尺寸 300mm×400mm	悬挂或粘贴	用电设备或线路检修时，相应开关处
路禁 3		尺寸 300mm×400mm	悬挂或粘贴	不允许攀爬的危险地点，如有危险的建筑物、构造物、设备处
路禁 4		尺寸 300mm×400mm	悬挂或粘贴	抛物易伤人地点，如高空作业现场

续上表

编　　号	图　　形	制作要求	安装要求	设置范围和部位
路禁5		尺寸300mm×400mm	悬挂或粘贴	易造成事故或对人员有伤害的场所，如高压设备室、配电房等入口处
路禁6		尺寸300mm×400mm	悬挂或粘贴	对人员具有直接危险的场所，如危险路口、吊装作业区、运输带下方、预制梁架设区等处
路禁7		尺寸300mm×400mm	悬挂或粘贴	对乙类火灾危险物质的场所，如氧气及乙炔存放区、油罐存放处及其他易燃易爆处
路禁8		尺寸300mm×400mm	悬挂或粘贴	应急通道、安全通道及施工操作平台等处
路禁9		尺寸400mm×300mm，白底红字	悬挂或粘贴	拌和站、加工场、制梁场（预制场）现浇梁等现场的出入口、重点部位

续上表

编　号	图　形	制作要求	安装要求	设置范围和部位
路禁 10	机房重地 闲人免进	尺寸 400mm × 300mm，白底红字	悬挂或粘贴	拌和站、制梁场（预制场）的控制室和发电机房、抽水机房等处
路禁 11	锅炉重地 闲人免进	尺寸 400mm × 300mm，白底红字	悬挂或粘贴	锅炉房入口处
路禁 12	禁止暴晒	尺寸 400mm × 300mm，白底红字	悬挂或粘贴	使用氧气、乙炔等易燃易爆物处所
路禁 13	禁止掉落焊花	尺寸 400mm × 300mm，白底红字	悬挂或粘贴	跨越通航河道、铁路、公路等施焊场所
路禁 14	禁止翻越防护栏	尺寸 400mm × 300mm，白底红字	悬挂或粘贴	临近既有线的防护栏
路禁 15	禁止倾倒垃圾	尺寸 400mm × 300mm，白底红字	悬挂或粘贴	牧区、耕区、河流附近施工作业场所
路禁 16	禁止排放油污	尺寸 400mm × 300mm，白底红字	悬挂或粘贴	牧区、耕区、河流附近施工作业场所

续上表

编　　号	图　　形	制 作 要 求	安 装 要 求	设置范围和部位
路禁 17		尺寸 400mm×300mm，白底红字	悬挂或粘贴	牧区、耕区、河流附近施工作业场所
路禁 18		尺寸为直径 300mm 的圆，执行现行《道路交通标志和标线》	悬挂或粘贴	场内道路限高牌
路禁 19		尺寸为直径 300mm 的圆，执行现行《道路交通标志和标线》	悬挂或粘贴	场内道路限速牌

B.2.2　警告标志（附表 B-2）

主要警告标志制作、安装和设置要求　　附表 B-2

编　　号	图　　形	制 作 要 求	安 装 要 求	设置范围和部位
路警 1		尺寸 300mm×400mm	悬挂或粘贴	有可能发生触电危险的电气设备和线路，如配电箱（柜）开关箱、变压器、用电设备处
路警 2		尺寸 300mm×400mm	悬挂或粘贴	有吊装设备作业的场所

续上表

编　号	图　形	制 作 要 求	安 装 要 求	设置范围和部位
路警 3		尺寸 300mm×400mm	悬挂或粘贴	由于弧光可能造成眼部伤害的各种焊接作业场所
路警 4		尺寸 300mm×400mm	悬挂或粘贴	易发火灾的危险场所，如可燃物质的储运、使用等场所
路警 5		尺寸 300mm×400mm	悬挂或粘贴	易发生机械卷入、轧压、碾压、剪切等机械伤害的作业场所
路警 6		尺寸 300mm×400mm	悬挂或粘贴	预留孔洞及各种深坑的上方等处
路警 7		尺寸 300mm×400mm	悬挂或粘贴	易发生落物危险的地方，如高处作业、立体交叉作业等的下方

续上表

编　　号	图　　形	制 作 要 求	安 装 要 求	设置范围和部位
路警 8		尺寸 300mm×400mm	悬挂或粘贴	易发生塌方危险的地段，如边坡及土方作业的深坑、深槽等场所
路警 9		尺寸 300mm×400mm	悬挂或粘贴	易产生有毒、有害气体的场所
路警 10		尺寸 300mm×400mm	悬挂或粘贴	易造成脚部伤害的作业地点
路警 11		尺寸 300mm×400mm	悬挂或粘贴	易发生坠落事故的作业地点
路警 12		尺寸 300mm×400mm	悬挂或粘贴	易发生人员伤害的场所及设备等处

续上表

编　　号	图　　形	制作要求	安装要求	设置范围和部位
路警 13	当心落石	尺寸 400mm×300mm，黄底黑字	悬挂或粘贴	易落石的地带如路基砌筑边坡等处
路警 14	当心碰头	尺寸 400mm×300mm，黄底黑字	悬挂或粘贴	施工现场狭小、低矮通道处
路警 15	高压危险	尺寸 400mm×300mm，黄底黑字	悬挂或粘贴	施工场所变电器、高压电力设备等处
路警 16	前方施工 减速慢行	尺寸 800mm×600mm，黄底黑字	悬挂或粘贴	跨越(临近)道路施工工区、站场出入口及工点路口处
路警 17	保护 ×××	尺寸 1 500mm×2 000mm，红底白字	悬挂或粘贴	临近湿地、牧区、林区施工场所

B.2.3　指令标志(附表 B-3)

主要指令标志制作、安装和设置要求　　　　附表 B-3

编　　号	图　　形	制作要求	安装要求	设置范围和部位
路指 1	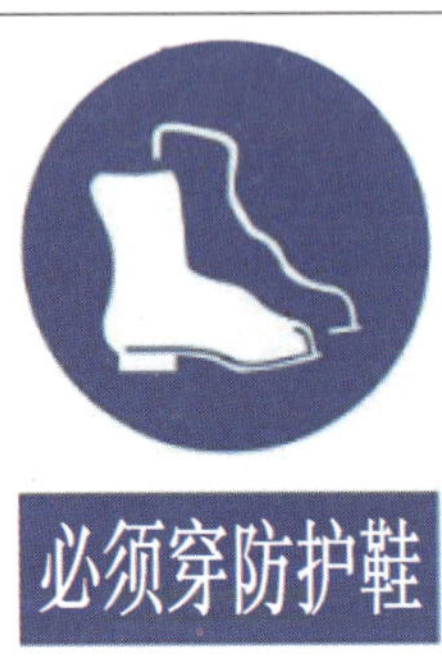	尺寸 300mm×400mm	悬挂或粘贴	易伤害脚部的作业场所，如有腐蚀、灼热、触电、砸(刺)伤等危险的作业地点

续上表

编　　号	图　　形	制作要求	安装要求	设置范围和部位
路指2		尺寸300mm×400mm	悬挂或粘贴	头部易受伤害的作业场所
路指3		尺寸300mm×400mm	悬挂或粘贴	易造成人体紫外线辐射的作业场所，如电焊作业场所
路指4		尺寸300mm×400mm	悬挂或粘贴	易伤害手部的作业场所，如具有腐蚀、污染、灼热、冰冻及触电等危险的作业场所
路指5		尺寸300mm×400mm	悬挂或粘贴	对眼部有伤害的作业场所
路指6		尺寸300mm×400mm	悬挂或粘贴	易发生坠落危险的作业场所

续上表

编　　号	图　　形	制 作 要 求	安 装 要 求	设置范围和部位
路指 7		尺寸 300mm×400mm	悬挂或粘贴	空气不流通，易发生窒息、中毒等的作业场所
路指 8		尺寸 300mm×400mm	悬挂或粘贴	施工现场的出入口等醒目位置
路指 9		尺寸 400mm×300mm，蓝底白字	悬挂或粘贴	治梁场（预制场）、现浇梁预应力张拉处
路指 10		尺寸 400mm×300mm，蓝底白字	悬挂或粘贴	沉淀池栏杆上
路指 11		尺寸 400mm×300mm，蓝底白字	悬挂或粘贴	泥浆池防护栏上
路指 12		尺寸 400mm×300mm，蓝底白字	悬挂或粘贴	涵洞、桥梁基坑靠便道一侧防护栏

续上表

编　　号	图　　形	制 作 要 求	安 装 要 求	设置范围和部位
路指 13		尺寸 400mm × 300mm，蓝底白字	悬挂或粘贴	高处作业、临边作业、悬空作业等场所

B.2.4　提示标志(附表 B-4)

主要指示标志制作、安装和设置要求　　附表 B-4

编　　号	图　　形	制 作 要 求	安 装 要 求	设置范围和部位
路示 1		尺寸 400mm×300mm	悬挂或粘贴	需指示灭火器的处所
路示 2		尺寸 400mm×300mm	悬挂或粘贴	需指示灭火设备的处所